高等学校创新实践系列教材

电气设计创新实践

蒙 臻 编著

西安电子科技大学出版社

内 容 简 介

本书以工业自动化电气系统为基础，主要介绍了常用电气元件的工作原理及接线方法、基本电气控制电路、PLC 电路和软件实例化操作等内容。本书采用"演训结合"的编写理念，在对相关理论知识进行深入浅出的论述的基础上，注重厘清电气控制工程应用的思路，有助于读者初步掌握工业自动化电气系统设计方法，并通过工程实例提升电气设计实践技能。

本书可作为高等学校机械工程类专业电气设计实践的教材或参考书，也可供电气设计技术人员和研究人员参考。

图书在版编目(CIP)数据

电气设计创新实践 / 蒙臻编著. —西安：西安电子科技大学出版社，2022.9
(2024.4 重印)
ISBN 978 - 7 - 5606 - 6552 - 8

Ⅰ. ①电…　Ⅱ. ①蒙…　Ⅲ. ①电气设备-设计　Ⅳ. ①TM02

中国版本图书馆 CIP 数据核字(2022)第 128184 号

策　　划　陈　婷
责任编辑　王　瑛
出版发行　西安电子科技大学出版社(西安市太白南路 2 号)
电　　话　(029)88202421　88201467　　　邮　编　710071
网　　址　www. xduph. com　　　　　电子邮箱　xdupfxb001@163.com
经　　销　新华书店
印刷单位　咸阳华盛印务有限责任公司
版　　次　2022 年 9 月第 1 版　2024 年 4 月第 2 次印刷
开　　本　787 毫米×1092 毫米　1/16　印张　12.75
字　　数　298 千字
定　　价　35.00 元
ISBN 978 - 7 - 5606 - 6552 - 8 / TM

XDUP 6854001 - 2

＊＊＊ 如有印装问题可调换 ＊＊＊

前　　言

在工业自动化和智能制造领域中，电气控制技术已成为各种数控机床、精密机械以及国防尖端产品不可或缺的核心支撑技术，得到了工业界和技术界的广泛关注。但由于其所包含的知识范围较广，应用工况也较为复杂，无论是理论还是实践，对初学者来说，掌握起来都较为困难。为使相关专业的学生或者从业人员尽快掌握一些基本知识和通用的实践技能，编著者编写了本书。

本书是杭州电子科技大学机械工程学院特色创新实践系列教材之一，注重从工程实践应用角度来讲解理论知识。本书有效结合了杭州电子科技大学机械工程学院"机电传动系统与控制"课程中的理论教学和工程应用中的实践经验，以任务制为核心要素，围绕任务要求介绍基础知识和应用实例，并进一步明确了章节学习目标，实现了理论与实践、演示与实操的统一。

本书共 14 章。第 1 章主要介绍了"电气设计创新实践"课程的地位和任务，以及本书所涉及的教学内容在学科竞赛、科学研究和工程实践中的应用实例，并给出了本课程的学习模式；第 2 章至第 4 章主要介绍了断续逻辑控制的典型电路——主令控制电路、直流电机启停控制电路和交流电机启停控制电路，包括这些电路涉及的电气元件基础知识和选用原则以及典型控制电路讲解，并给出了以各章内容为核心的电路设计思考题；第 5 章至第 8 章为 PLC 逻辑控制部分，主要介绍了 PLC 逻辑控制的几个典型实例（如电机启停控制电路、接近开关计数控制电路、称重传感器读数控制电路和编码器计数控制电路等），以及这些电路中出现的电气元件及选用原则、PLC 的工作原理和接线方法、逻辑编程所用的指令和编程方法等，并给出了相应的逻辑编程思考题；第 9 章至第 12 章为 PLC 运动控制部分，主要介绍了步进电机和伺服电机的点动和定位控制电路、电路中电气元件的选用原则和接线方法，以及相关的运动控制指令等；第 13 章和第 14 章分别给出了逻辑控制和运动控制的综合实践任务，便于读者将所学内容融会贯通，应用于实践中。另外，为改善学习效果，本书提供了相关内容的视频讲解资源，读者通过扫描二维码可获取这些资源。

本书由杭州电子科技大学机械工程学院机械电子工程研究所蒙臻编著。本学院的倪敬老师提供了部分应用实例，"电气设计创新实践"课程群的孟爱华老师、王万强老师、郑军强老师、金成桂老师、颜志刚老师等提供了教学案例，杭州电子科技大学机械工程学院机械电子工程研究所的同仁也为本书的编写提供了大量帮助，在此一并感谢。

由于作者水平有限，书中难免有疏漏或不足之处，敬请读者批评指正。

编著者
2022 年 5 月

目　　录

第1章 绪 论

【学习目标】

(1) 了解本课程在创新实践系列课程中的地位和主要学习任务。

(2) 了解与本课程相关的一些经典实例，以及电气设计在机电控制系统设计中的重要作用。

(3) 了解本课程的知识框架以及本课程的授课体系。

【本章导读】

本章主要介绍电气设计创新实践课程的地位和任务，有助于读者了解电气设计创新实践课程的培养目标。此外，本章还介绍了电气设计创新实践课程的经典实例，有助于读者结合学科竞赛、科学研究及工程实践等应用场景，体会电气设计创新实践课程的重要性。通过本章的学习，读者可以清晰地了解本课程的知识体系结构和主要学习内容。

1.1 "电气设计创新实践"课程的地位和任务

1.1.1 本课程的地位

如图1.1所示，对于机械专业或自动化专业的本科生来说，创新实践系列课程可以全面提升 CAD/CAE、电气设计/电子设计、文本写作/综合设计等方面的能力。"电气设计创新实践"是培养学生电气设计能力和创新实践能力的特色课程。本课程在创新实践系列课程中重点关注机电一体化方面的实践知识，是 3D 实体造型创新实践课程与后续电子设计创新实践课程的重要桥梁。

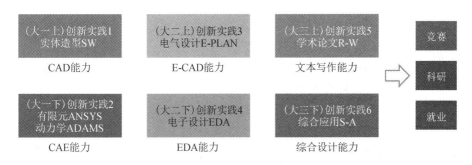

图 1.1 创新实践系列课程体系

本课程所涉及的电气电路和电机控制等方面的知识是后续"电工电子学""测试技术""机电传动控制"等专业基础课程的实践基础和集成应用基础。

随着智能制造的全面推广，企业和科研单位对从业人员机电一体化设计能力和实践能力的要求也在不断提升。本课程对相关专业学生电气设计创新实践能力、创新思维以及素质的培养起支撑作用。

1.1.2　本课程的任务

本课程以工业自动化电气系统为基础，介绍了电气元件的工作原理、绘图方法和典型工程实例，有助于学生掌握电气系统设计流程，使其具备基于工业软件的工业自动化电气系统设计能力。本课程涉及的主要内容有：常用电气元件（按钮开关、继电器、接触器等）的工作原理及接线应用、基本电气控制电路、PLC 电路和电气工业软件实例化操作等。通过本课程的学习，学生应初步掌握工业自动化电气系统分析与设计的一般方法，能解决智能制造复杂工程中的电气设计和实现问题，并能在工程实践中理解、遵守工程职业道德和规范，履行个人社会责任。本课程的具体任务如下：

（1）使学生掌握工业自动化电气控制系统设计的基本方法，了解工业自动化领域和电气设计领域的前沿技术及发展趋势。

（2）使学生掌握常用电气元件和常用电机的工作原理、接线应用等基础知识，以及电气图纸的绘制方法。

（3）使学生了解控制器的工作原理及接线特点，掌握工业自动化领域中控制系统的分析、设计和集成应用方法。

（4）培养学生针对复杂机械系统，制订电气控制项目实施方案，进行电气控制工程项目设计与分析的能力。

（5）培养学生的团队合作能力以及语言表达能力。

（6）培养学生自主学习和终身学习的能力。

1.2　本课程的经典实例

1.2.1　学科竞赛中的实例

学科竞赛中有许多机电结合的实例。在竞赛过程中，学生既需要掌握机械设计方面的专业知识，又要具备一定的电气设计技能。图 1.2 所示的"刀尖仿生微结构单点金刚石振动压印装置"就是典型的涉及电气设计技能的优秀作品。该作品曾获第十六届"挑战杯"全国大学生课外学术科技作品竞赛"累进创新作品"金奖。

刀尖仿生微结构单点金刚石振动压印装置

图 1.3 所示为该装置的电气控制系统，它主要由伺服驱动器、伺服电机及控制器组成。为了实现该作品的工艺原理，参与竞赛的学生需要分析及核算电气元件的匹配关系，设计、选购、安装及调试电气控制系统，编写相应的电气控制程序。本书后续章节会详细介绍有关电气元件的选型及应用等内容。

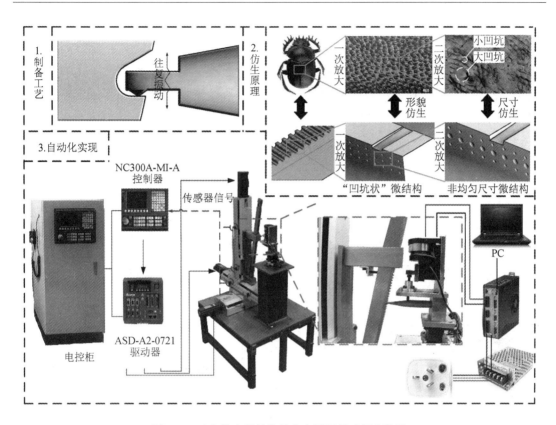

图 1.2　刀尖仿生微结构单点金刚石振动压印装置

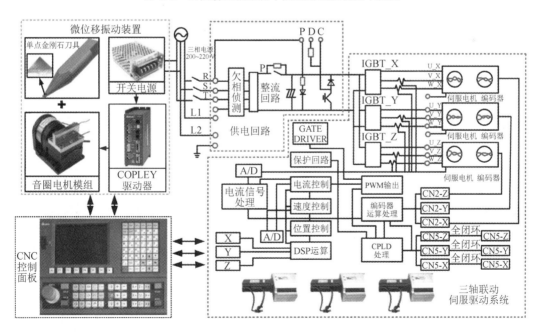

图 1.3　该作品的电气控制系统

1.2.2　科学研究中的实例

　　在高校教师的科研项目中，也有许多电气设计的实例。图1.4所示的"工业机器人接插件摩擦磨损测试装置"的设计就来源于科研课题。研发人员针对科研测试需求，进行了创新性研发。

工业机器人接插件摩擦磨损测试装置

　　该装置主要通过电气控制系统实现电气接插件的高速往复插拔。在设计及实现过程中，研发人员需要具备电气设计的相关专业知识和技能。

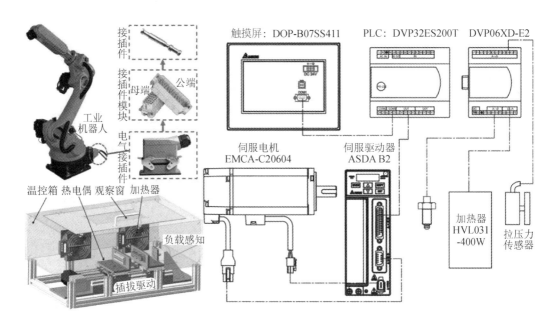

图 1.4　工业机器人接插件摩擦磨损测试装置及其电气控制系统

1.2.3　工程实践中的实例

　　工程实践中，与电气相关的实例比比皆是。图1.5所示为自动串珠装置及其电气控制示意图。自动串珠装置的工艺原理如图1.6所示，即将一堆散乱的带孔水晶珠通过分拣形成有序的队列，再通过珠孔定位和钢丝串珠处理，最终形成水晶珠串。其中，串珠上料、珠孔定位和钢丝串珠等核心环节的动作都需要通过电气控制来实现。该装置电气控制部分的主要环节——步进电机的运动控制将在本书后续章节中介绍。

自动串珠装置

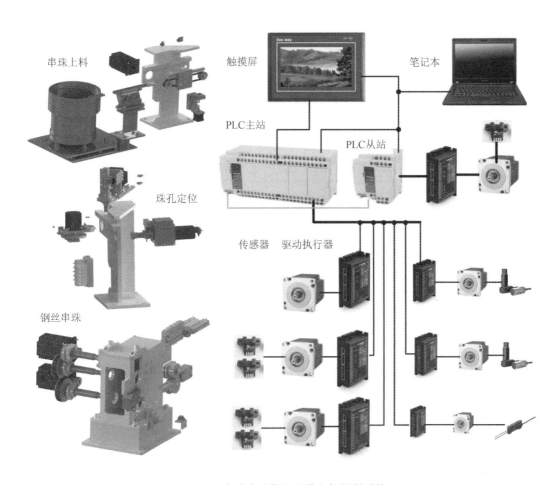

图 1.5　自动串珠装置及其电气控制系统

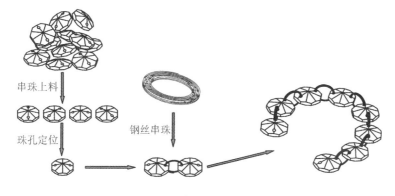

图 1.6　自动串珠装置的工艺原理

1.3　本课程的学习模式

1.3.1　课堂教学模式

根据电气设计原则和从基础到应用的讲学模式,本课程的主要内容及学时安排建议如表 1.1 所示。

表 1.1　本课程的主要内容及学时安排建议

教学周	篇章	章节内容	教学内容	
			第 1 学时	第 2 学时
一	导学	绪论	本课程的地位和任务; 本课程的经典实例; 本课程的学习模式	低压电器导学; 常用电机导学; PLC 导学
二	断续逻辑控制	主令控制	主令电器认识与应用; 指示灯认识与应用; 保护电器认识与应用; 继电器认识与应用	主令控制实例
三		直流电机启停控制	直流电机认识与应用; 开关电源认识与应用	直流电机启停控制实例
四		交流电机启停控制	交流电机认识与应用; 低压断路器认识与应用; 接触器认识与应用; 热继电器认识与应用	交流电机启停控制实例
五	PLC 逻辑控制	电机启停PLC 控制	PLC 认识与应用; 位逻辑指令编程方法与应用	电机启停 PLC 控制实例
六		接近开关计数控制	接近开关认识与应用; 计数器指令编程方法与应用	接近开关计数控制实例
七		称重传感器读数控制	称重传感器认识与应用; 模拟量指令编程方法与应用	称重传感器读数控制实例
八		编码器计数控制	编码器认识与应用; 高速计数器指令编程方法与应用	编码器计数控制实例

教学周	篇章	章节内容	教学内容	
			第1学时	第2学时
九	PLC 运动控制	步进电机点动控制	步进电机认识与应用；高速脉冲指令编程方法与应用	步进电机点动控制实例
十		步进电机定位控制	PLC 运动控制向导认识与应用；定位控制编程方法与应用	步进电机定位控制实例
十一		伺服电机点动控制	伺服电机认识与应用；高速脉冲指令编程方法与应用	伺服电机点动控制实例
十二		伺服电机定位控制	PLC 运动控制向导认识与应用；定位控制编程方法与应用	伺服电机定位控制实例
十三至十六	综合实践与结课创新设计汇报			
合计	32 学时			

为了更好地实施本课程的"教与学""演与训"，促进教学相长，现对广大师生提出以下建议。

1. 对教师的"教学实施"建议

（1）本课程适宜小班化分组型教学。教师可以将一个教学班级分成 8 组，每组 3～5 人，设组长 1 人，分组分人进行考核。

（2）本课程适宜应用"研讨教学"模式。课堂上挑选学生小组，让其针对课程任务进行答辩。教师根据答辩情况给出合理的分数，并对重点、难点进行研讨。

2. 对学生的"学习实施"建议

（1）建议学生带着问题上课。学生在上课前应预习相应的课程内容，准备好预习中发现的问题。

（2）建议学生要有"问倒"老师的勇气。学生应该坚信自己探索知识的能力，坚信自己通过课程学习，能尽可能多地从教师那里学到专业技能和知识，能发现连教师都无法解决的难题。

1.3.2 分级考核模式

本课程为实践类课程，应重视过程考核。一般情况下，总评成绩(100%)由平时任务考核(60%)和期末考试(40%)两部分组成,教师也可以根据实际情况酌情安排各部分成绩占比,以激励和调动学生参与课程的积极性。

每周发布与当周课程知识点相关的实践任务,每项实践任务中会有不同难度的小问题。学生按照自己的学习情况选择相应的难度完成实践。

思 考 题 1

1. 在1.2节所述实例的电气控制系统中,你认为最关键的元件或硬件是什么?为什么?

2. 如果让你来设计1.2节所述实例中的电气控制系统,你首先要考虑什么问题?为什么?

第 2 章　断续逻辑控制——主令控制电气实践

【学习目标】

（1）了解常用的主令控制电路电器的类型和名称，以及主令控制电路常用电气元件的符号和特性。

（2）掌握常用主令控制电路电器的工作原理，了解典型主令控制电路的工作原理。

（3）掌握主令控制电路常用电气元件符号绘制方法、典型主令控制电路接线方法及电气图纸绘制方法。

（4）能创新设计主令控制电路，并能运用主令控制电路解决实践问题。

【本章导读】

本章主要介绍工业自动化电气系统中断续逻辑控制所使用的典型控制方式——主令控制，有助于读者了解这种控制方式中常用的电气元件的结构、工作原理、电气符号、实际应用，以及典型主令控制电路等内容。其中，主令控制电路常用电气元件包括主令电器、指示灯、保护电器等。通过本章的学习，读者应理解典型主令控制电路常用电气元件的工作原理及应用特性等知识点，并能用电气符号及制图软件绘制基本的控制电路图。

2.1　断续逻辑控制电路

断续逻辑控制电路是逻辑电路中的一种。逻辑电路是一种基于二进制运算的原理实现数字信号逻辑运算和操作的电路。如图 2.1 所示，这种电路一般有若干个输入端和一个或几个输出端，当输入信号之间满足某一特定的逻辑关系时，电路导通，有输出；否则电路关闭，无输出。通过组合逻辑电路，可以进一步实现加法器、编码器、译码器、计数器等简单数字电路的功能。

断续逻辑控制电路主要是通过特定的电气元件及组合，实现电器（在电气控制领域中，凡能够自动或手动接通和断开的电路，以及能够对电路进行切换、控制、保护、检测、变换和调节的元件，统称为电器）电源的接通和断开等逻辑状态切换的电路。断续逻辑控制电路在工业自动化设备的研发调试阶段和成品使用阶段都有大量的应用。

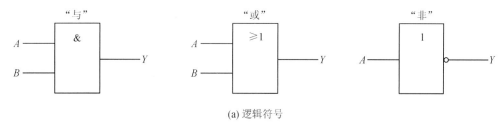

(a) 逻辑符号

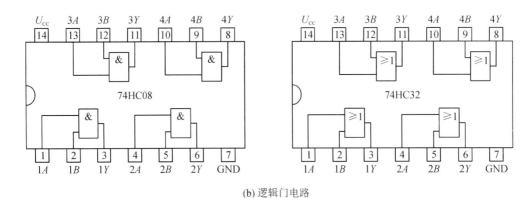

(b) 逻辑门电路

图 2.1　逻辑符号与逻辑门电路示意图

2.2　主令控制的典型应用

主令控制是典型的断续逻辑控制，主要通过主令电器实现指示灯或电磁线圈供电电路的通断，达到发出命令或实现其他控制线路联锁、转换的目的。其中，主令电器是指在低压电器（额定交流电压在 1200 V 或额定直流电压在 1500 V 以下的电器）中专门用作切换控制电路，以发出指令或用作程序控制的开关电器。

主令控制通常应用于自动化设备的启动或停止控制电路中，如水库闸门的开启或关闭主令控制、自动扶梯运行或紧急停止控制、立体停车库切换车位的启动或停止控制等。图 2.2 所示是主令控制在我国航天领域中的典型应用，当执行火箭发射任务的指令员在倒计时结束后发出点火指令时，操作员立即点按主令控制按钮，实现火箭点火的远程操作。

由于主令控制是通过机械或人力按压的方式强制实现电路切换的，因此控制的可靠性相对较高。

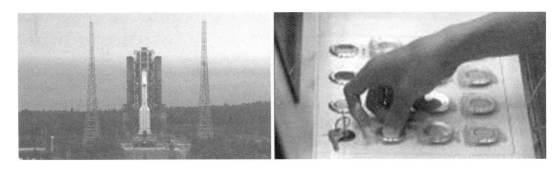

图 2.2　主令控制在火箭点动中的应用

2.3　主令控制电路常用电气元件

主令控制电路中常用的电气元件有主令电器、指示灯、保护电器和继电器等。其中：主令电器是机械与电气结合的元件，需要依靠机械力来实现元件的功能；指示灯主要用于反映主令控制电路的状态,即通过指示灯的亮或灭,操作者可以直接判断主令控制电路是接通还是断开;保护电器主要用于确保控制电路中所使用的电气元件能够正常运转;继电器的控制端与主令电器的有所不同,它是通过电信号来实现电路接通或断开的。

2.3.1 主令电器

主令电器(Electric Command Device)是电气控制系统中用于发出指令或信号的电器。主令电器主要应用于逻辑控制电路中,通常不能直接应用于电机等大功率电气元件的配电回路中。

主令电器应用广泛、种类繁多。常用的主令电器有控制按钮、行程开关及其他主令电器(如脚踏开关、钮子开关、紧急开关)等。下面简要介绍前两种主令电器的结构及工作原理。

1. 控制按钮

控制按钮(Push Button)是一种结构简单、控制方便、应用广泛的主令电器。在低压控制电路中,控制按钮用于手动发出控制信号,短时接通和断开小电流的控制电路。在 PLC 控制系统中,控制按钮也常作为 PLC 的输入信号元件。典型的控制按钮有点动按钮、自锁按钮、带灯按钮、旋柄按钮、钥匙钮开关、急停按钮和多位按钮等,其实物图如图 2.3 所示。

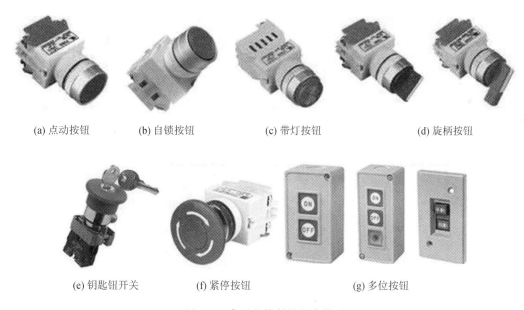

(a) 点动按钮　　(b) 自锁按钮　　(c) 带灯按钮　　(d) 旋柄按钮

(e) 钥匙钮开关　　(f) 紧停按钮　　(g) 多位按钮

图 2.3 典型的控制按钮实物图

控制按钮的内部结构如图 2.4 所示。控制按钮主要由按钮部分、压紧螺母、按钮座、复位弹簧等组成。按钮座上装有动静触点装置,以实现触点的断开和闭合。按钮的触点分为常开触点和常闭触点两种类型。常开触点也称为动合触点,当按钮动作时,触点闭合;常闭触点也称为动断触点,当按钮动作时,触点断开。按钮部分分为点动和自锁两种机构,其中点动机构比较简单,自锁机构比较复杂(主要采用了类似圆珠笔笔芯的棘轮式往返机构)。控制按钮的主要功能是实现启动、停止等基本控制。

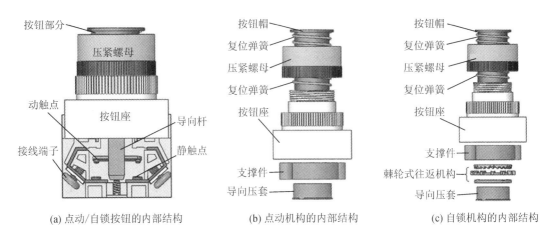

(a) 点动/自锁按钮的内部结构　　　(b) 点动机构的内部结构　　　(c) 自锁机构的内部结构

图 2.4　控制按钮的内部结构

　　通常每个控制按钮有两对触点，每对触点由一个常开触点和一个常闭触点组成。当按下控制按钮时，两对触点同时动作，常闭触点（动断触点）断开，常开触点（动合触点）闭合。控制按钮的文字符号为 SB，电气符号及接线如图 2.5 所示。控制按钮若要接入断续逻辑控制电路，则在相对的接线端子上（常开的接线端子标识 NO，常闭的接线端子标识 NC）应分别接入电气接线。

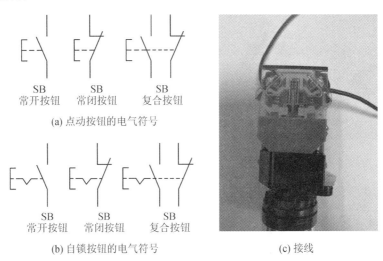

SB　　　　　SB　　　　　SB
常开按钮　　常闭按钮　　复合按钮

(a) 点动按钮的电气符号

SB　　　　　SB　　　　　SB
常开按钮　　常闭按钮　　复合按钮

(b) 自锁按钮的电气符号　　　　　　　　(c) 接线

图 2.5　控制按钮的电气符号及接线

2. 行程开关

　　行程开关（Travel Switch）又称限位开关或位置开关，其作用与控制按钮的类似。行程开关不靠人为手动操作，它是一种利用生产机械某些运动部件的撞击来发出控制信号的小电流（5A 以下）的主令电器，用来限制生产机械运动的位置或行程，使运动的机械按一定位置或行程自动停止、反向运动、变速运动或自动往返运动等。

　　如图 2.6 所示的行程开关由触点或微动开关、操作机构及外壳等部分组成。当生产机械某些运动部件触动操作机构时，触点动作。为了使触点在生产机械缓慢运动时仍能快速动作，通常将触点设计成跳跃式的瞬动结构。触点断开与闭合的速度不取决于推杆的行进速度，而取决于弹簧的刚度和结构。触点的复位由复位弹簧来完成。行程开关的文字符号为 SQ，电气符号如图 2.7(a)所示。行程开关若要接入断续逻辑控制电路，则需要打开本体部分的罩盖，打开后如图 2.7(b)所示，会有成对出现的接线端子（常开的接线端子标识 NO，常闭的接线端子标识 NC），分别接入电气接线即可实现主令控制。

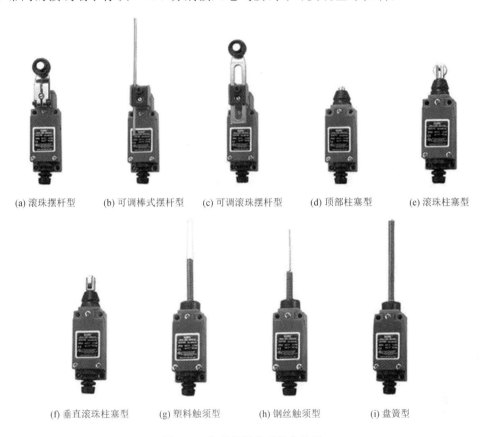

(a) 滚珠摆杆型　　　(b) 可调棒式摆杆型　　　(c) 可调滚珠摆杆型　　　(d) 顶部柱塞型　　　(e) 滚珠柱塞型

(f) 垂直滚珠柱塞型　　　(g) 塑料触须型　　　(h) 钢丝触须型　　　(i) 盘簧型

图 2.6　典型的行程开关实物图

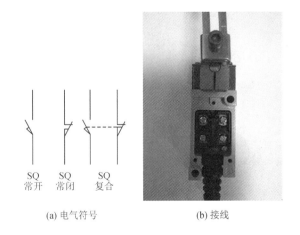

SQ　　SQ　　SQ
常开　　常闭　　复合

(a) 电气符号　　　　　　　　(b) 接线

图 2.7　行程开关的电气符号及接线

2.3.2　指示灯

　　指示灯又称信号灯，是通过电灯的亮灭指示机器及回路状态的电器元件。其实物图和电气符号如图 2.8 所示。指示灯由灯座、灯罩、灯泡和外壳组成。指示灯通过亮灯时灯罩颜色的不同来显示电路中相关电器的开/关状态。灯罩用有色玻璃或塑料制成，通常有红、黄、蓝、绿、白等多种颜色。灯泡的额定电压一般为 24 V DC、220 V AC 等。

(a) 指示灯实物图　　　　　　　　　　　　　　　(b) 电气符号

图 2.8　指示灯实物图和电气符号

2.3.3　保护电器

　　保护电器是用于保护电路与用电设备的电器，其功能包括电路的短路保护、过载保护、接地故障保护等。常见的保护电器有熔断器和热继电器等。热继电器将在第 4 章介绍，下面简要介绍熔断器的结构及工作原理。

　　熔断器(Fuse)是根据电流超过规定值一段时间后，以其自身产生的热量使熔体熔化，从而使电路断开的原理制成的一种电流保护器。熔断器是应用最普遍的保护器件之一，广泛应用于高低压配电系统和控制系统以及用电设备中，作为短路保护器和过电流保护器。常用的熔断器实物图如图 2.9 所示。

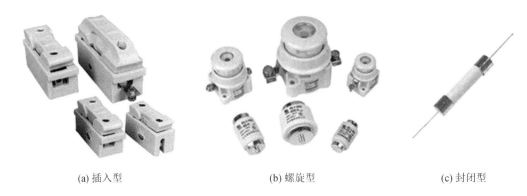

(a) 插入型　　　　　　　　　　(b) 螺旋型　　　　　　　　　　(c) 封闭型

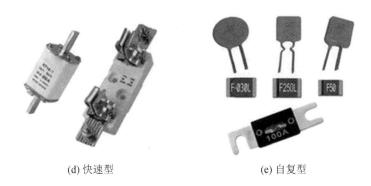

(d) 快速型　　　　　　　　　　　(e) 自复型

图 2.9　熔断器实物图

　　熔断器主要由熔体(俗称保险丝)、熔座(或熔管)和支座三部分组成。熔体是控制熔断特性的关键元件，一般由熔点低、易于熔断、导电性能好的合金材料制成。熔体的材料尺寸和形状决定了熔断特性。熔体材料分为低熔点和高熔点两类。低熔点材料如铅和铅合金，其容易熔断，由于其电阻率较大，故制成熔体的截面积尺寸较大，熔断时产生的金属蒸气较多，只适用于低分断能力的熔断器；高熔点材料如铜和银，其不容易熔断，但由于其电阻率较小，可制成比低熔点熔体小的截面积尺寸，熔断时产生的金属蒸气少，适用于高分断能力的熔断器。熔断器的文字符号为 FU，电气符号如图2.10所示。

FU

图 2.10　熔断器的电气符号

2.3.4　继电器

　　继电器(Relay)是一种根据某种输入信号的变化来接通或断开控制电路，实现自动控制和保护功能的电器。其输入量可以是电压、电流等电气量，也可以是温度、时间、速度、压力等非电气量。继电器实质上是一种信号传递电器，可根据不同的输入信号达到不同的控制目的。

　　继电器一般由感测机构、中间机构和执行机构三部分组成。感测机构把感测到的电气量或非电气量传递给中间机构，并将其值与整定值进行比较，当其值达到整定值(过量或欠量)时，中间机构便使执行机构动作，从而接通或断开控制电路。

　　电磁式继电器具有工作可靠、结构简单、制造方便、寿命长等优点，在电气控制电路中应用最为广泛。90%以上的继电器都是电磁式继电器。

　　电磁式继电器有直流和交流两大类，每一类中又分为电压继电器、电流继电器和中间继电器等。

　　无论继电器的输入量是电气量还是非电气量，继电器工作的最终目的都是控制触点的分断或闭合，从而控制电路的通断。从这一点来看，继电器与接触器的作用是相同的，但它与接触器又有区别，主要表现在以下两个方面：

（1）所控制的电路不同。继电器主要用于小电流电路，其触点通常接在控制电路中，中继控制信号，触点容量较小（一般在 5 A 以下），也无主、辅触点之分，且无灭弧装置；而接触器用于控制电机等大功率、大电流电路及主电路，一般有灭弧装置。

（2）输入信号不同。继电器的输入信号可以是各种物理量，如电压、电流、时间、速度、压力等；而接触器的输入量只有电压。

在电气控制电路中应用最多的是中间继电器（Intermediate Relay）。它既可用于继电保护与自动控制系统中，以增加触点的数量及容量，也可用于控制电路中，以传递中间信号。由于中间继电器触点数量多，且没有主、辅触点之分，因此可将一个输入信号变成多个输出信号或将信号进行放大。中间继电器实物图如图 2.11 所示。

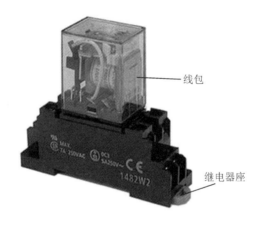

线包

继电器座

图 2.11　中间继电器实物图

电流继电器的文字符号为 KI；电压继电器的文字符号为 KV；中间继电器的文字符号为 KA，电气符号如图 2.12 所示。

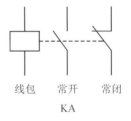

线包　　常开　　常闭

KA

图 2.12　中间继电器的电气符号

2.4　典型主令控制电路

2.4.1　点动/自锁控制电路

1. 工作原理

图 2.13 所示为典型的点动/自锁控制电路原理图。该电路的主要电气元件有：控制按

钮 SB1 和 SB2,电磁式继电器 KA,指示灯 HL,以及熔断器 FU1 和 FU2。该电路的供电电压为 24 V DC。SB1 是点动按钮,点按时,指示灯 HL 点亮;松开时,指示灯 HL 熄灭。SB2 是自锁按钮,点按时,指示灯 HL 点亮;松开时,指示灯 HL 仍然点亮。

该电路的工作原理如下:

当点按 SB1 时,SB1 的常开触点 AB 闭合,同时常闭触点 AD 断开,此时指示灯 HL 的供电电路接通(电流流向:A→B→C),指示灯 HL 点亮;当松开 SB1 时,之前闭合的触点 AB 重新断开,此时指示灯 HL 的供电电路也断开,因此指示灯 HL 熄灭。重新点按 SB1 后,重复上述过程。

点动/自锁演示

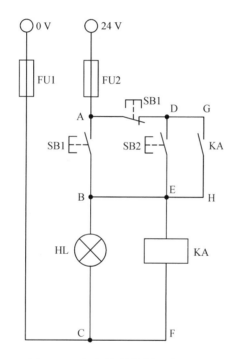

图 2.13　点动/自锁控制电路原理图

当点按 SB2 时,SB2 的常开触点 DE 闭合,同时 SB1 的常闭触点 AD 维持不变,因此指示灯 HL 的供电电路接通(电流流向:A→D→E→B→C),指示灯 HL 点亮;同时,电磁式继电器 KA 的线圈的供电电路接通(电流流向:A→D→E→F),根据继电器的工作原理,在线圈通电后,其辅助触点 GH 也自动接通,此时,指示灯 HL 的供电电路发生改变(电流流向:A→D→G→H→E→B→C),SB2 的常开触点 DE 是否闭合,都不会影响指示灯 HL 的供电电路,实现了自锁控制。

2. 接线方法

控制按钮和指示灯的接线都是一进一出,其中控制按钮通常有一对常开触点和常闭触点,按照原理图分别相连。继电器的接法相对复杂,有电源接线和触点接线。其中电源接线接入继电器的 13 号和 14 号触点,而触点接线则是常开或常闭触点对应相接。

　　点动/自锁控制电路接线示意图如图 2.14 所示，电源正极通过保险丝 FU2 与 SB1 常开触点的前端相连，再从后端引出后接指示灯前侧触点，后侧引出后与电源负极相连（电流流向：A→B→C）；同时 SB1 并联 SB2 常开触点，即电源正极从 SB1 常开触点的前端短接到 SB2 常开触点的前端，SB2 常开触点的后端引出后要接回 SB1 触点的后端，同时接入 SB1 常闭触点的前端，后端引出后接继电器的 14 号触点，再从 13 号触点引出后接电源负极（电流流向：A→D→E→F→C）；SB2 还需并联继电器 KA 的常开触点，从 SB2 常开触点的前端引出接到继电器的 5 号（或 8 号）触点，再从继电器的 9 号（或 12 号）触点接回 SB2 常开触点的后端（电流流向：A→D→G→H→E→F→C）。

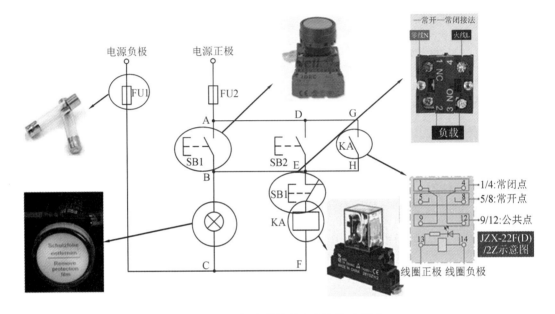

图 2.14　点动/自锁控制电路接线示意图

　　图 2.13 和图 2.14 所示的点动/自锁控制电路可应用于调整机床、PEM 对刀及连续运行切换等操作，只需将电路中的指示灯换成电气控制系统中的其他电器即可。在实际使用中，一般单向点动控制只适用于机床调整、刀具调整等短时工况。当需要连续运行机械设备时，按下自锁按钮，设备就能启动并连续运行，直至任务完毕为止。

2.4.2　互锁控制电路

1. 工作原理

　　图 2.15 所示为典型的互锁控制电路原理图。该电路的主要电气元件有：控制按钮 SB1 和 SB2，电磁式继电器 KA1 和 KA2，指示灯 HL1 和 HL2，以及熔断器 FU1 和 FU2。该电路的供电电压为 24 V DC。其中 SB1 和 SB2 都是点动按钮。点按 SB1 时，指示灯 HL1 点亮；松开时，指示灯 HL1 仍然点亮。点按 SB2 时，指示灯 HL2 点亮，同时指示灯 HL1 熄灭。

互锁演示

　　该电路的工作原理如下：

当点按 SB1 时，SB1 的常开触点 AB 闭合，同时常闭触点 JK 断开，此时指示灯 HL1 的供电电路接通（电流流向：A→B→C→D），指示灯 HL1 点亮；同时，电磁式继电器 KA1 的线圈的供电电路接通（电流流向：A→B→F→G→C→D），根据继电器的工作原理，在线圈通电后，其辅助触点 EF 也自动接通，实现了指示灯 HL1 的自锁控制。

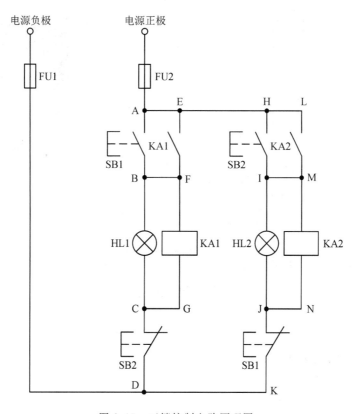

图 2.15　互锁控制电路原理图

当点按 SB2 时，SB2 的常开触点 HI 闭合，指示灯 HL2 的供电电路接通（电流流向：A→E→H→I→J→K），指示灯 HL2 点亮；同时，电磁式继电器 KA2 的线圈的供电电路接通（电流流向：A→E→H→I→M→N→J→K），根据继电器的工作原理，在线圈通电后，其辅助触点 LM 也自动接通，实现了指示灯 HL2 的自锁控制，同时由于 SB2 的常闭触点 CD 断开，指示灯 HL1 的供电电路断开，指示灯 HL1 熄灭。因此，指示灯 HL1 和 HL2 之间相互制约，无法同时点亮。

2. 接线方法

上述控制电路的接线方法与点动/自锁控制电路的类似，按钮和指示灯接线都是一进一出，而继电器需要接电源部分和触点部分，这里不再赘述。对于控制按钮 SB1 和 SB2 的接法，需要注意常开触点和常闭触点都要使用。如图 2.16 所示，SB1 常开触点的后端与指示灯的一端相连，指示灯的另一端与 SB2 常闭触点的前端相连，另一路的接法与此类似。

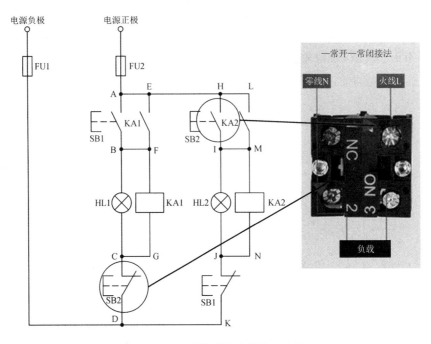

图 2.16　互锁控制电路接线示意图

思 考 题 2

结合本章相关知识，补充图 2.17 所示电路缺失的部分，使该电路在点按控制按钮 SB1 或 SB2 后都可以控制指示灯 HL 的亮灭，同时，当点按 SB1 使 HL 点亮后，再点按 SB2 可

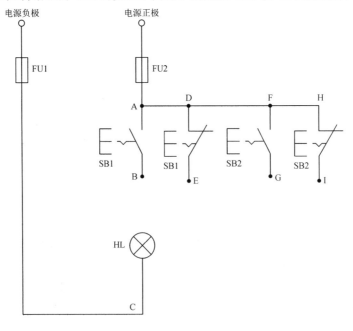

图 2.17　实践任务电路原理图

使 HL 熄灭。（注：图中所示按钮为自锁按钮。）

评分标准：

（1）画出基本的电路图（70 分）；

（2）实现点按 SB1 控制指示灯 HL 的亮灭（10 分）；

（3）实现点按 SB2 控制指示灯 HL 的亮灭（10 分）；

（4）实现当指示灯 HL 点亮时，点按任一按钮都能使指示灯 HL 熄灭（10 分）。

第3章　断续逻辑控制——直流电机启停控制电气实践

【学习目标】

（1）了解常用的直流电机启停控制电路电器的类型和名称，以及直流电机启停控制电路常用电气元件的符号和特性。

（2）了解直流电机的工作原理和接线方法，以及直流电机启停控制电路的工作原理。

（3）掌握直流电机启停控制电路的电气图纸绘制方法和接线方法。

（4）能创新设计直流电机启停控制电路，并能运用直流电机启停控制电路解决实践问题。

【本章导读】

本章主要介绍工业自动化电气系统中断续逻辑控制所使用的典型控制方式——直流电机启停控制，有助于读者了解这种控制方式中常用的电气元件的结构、工作原理、电气符号、实际应用，以及典型控制电路等内容。其中，直流电机启停控制电路常用电气元件包括直流电机、开关电源等。通过本章的学习，读者应理解典型直流电机启停控制电路常用电气元件的工作原理及应用特性等知识点，并能用电气符号及制图软件绘制基本的控制电路图。

3.1 直流电机启停控制的典型应用

直流电机具有良好的启动和调速性能，常应用于对启动和调速有较高要求的场合，也大量应用于智能制造行业中。启停控制主要是为了实现直流电机自动启动运行及停止工作。如图 3.1 所示，AGV 小车的驱动力就来自直流电机；导引轮通常由两个直流电机驱动，一个负责提供动力，另一个负责转向，当需要 AGV 小车运行或转向时，对相应的直流电机采用启动控制，当需要小车停止工作时，则采用停止控制；此外，直流电机的启停控制也常应用在智能小车、电动工具等小型机电装置中。我国于 2020 年 7 月 23 日发射升空、2021 年 5 月 15 日着陆火星表面的祝融号火星车，其所用的车轮电机就是由我国自主设计制造的永磁直流电机。

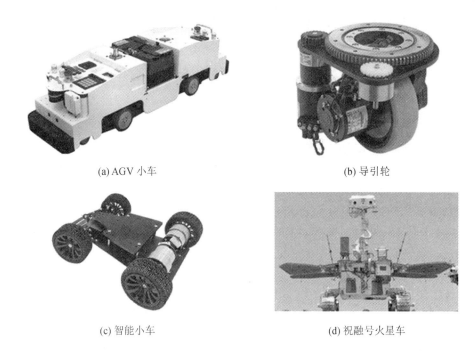

(a) AGV 小车　　　　　　　　　(b) 导引轮

(c) 智能小车　　　　　　　　　(d) 祝融号火星车

图 3.1　直流电机启停控制的典型应用

3.2　直流电机启停控制电路常用电气元件

3.2.1　直流电机

直流电机是基于安培力原理(通电导线在磁场中受到力的作用)工作的电动执行器,也是电气控制中常用的机电转换元件。本节主要以有刷直流电机为例介绍电机的典型结构。

有刷直流电机主要由定子和转子组成。如图 3.2 所示,定子部分包括机座、磁极、电刷装置、端盖等,用于产生直流电机的恒定磁场;转子是直流电机由电能转换为机械能的枢纽,通常又称为电枢,包括电枢铁芯、电枢绕组、换向器和风扇等,可在定子恒定磁场作用下产生电磁转矩和感应电动势。

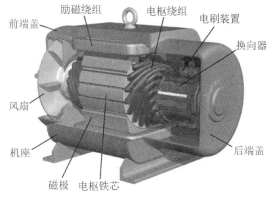

图 3.2　有刷直流电机典型结构示意图

有刷直流电机各个部分的详细结构与功能说明如下：

（1）磁极及励磁绕组：由主磁极铁芯和套装在铁芯上的励磁绕组构成。大部分有刷直流电机的主磁极不是用永久磁铁而是用励磁绕组通以直流电流来产生磁场的。

（2）机座：又称为电机的结构框架，一般用厚钢板弯成筒形后焊成，或者用铸钢件（小型机座用铸铁件）制成。

（3）电刷装置：由电刷、刷握、刷杆和连线等部分组成，刷握用螺钉夹紧在刷杆上。电刷是由石墨或金属石墨组成的导电块，放在刷握内用弹簧以一定的压力压在换向器的表面，旋转时与换向器表面形成滑动接触。

（4）端盖：装在机座两端并通过端盖中的轴承支撑转子，将定子、转子连为一体，同时端盖对电机内部起防护作用。

（5）电枢铁芯：一般用冲有齿、槽的硅钢片叠压夹紧而成，以减少电枢铁芯内的涡流损耗。电枢铁芯是直流电机内主磁路的组成部分，又是电枢绕组的支撑部分，电枢绕组就嵌放在电枢铁芯的槽内。

（6）电枢绕组：由一定数目的电枢线圈按一定的规律连接组成，是直流电机产生感生电动势和电磁转矩，进行机电能量转换的主要部分。线圈通常用绝缘的圆形或矩形截面的漆包导线绕成，分层嵌放在电枢铁芯槽内。线圈与电枢铁芯之间绝缘，并用槽楔压紧。

（7）换向器：是直流电机的关键部件之一，主要起电枢线圈电流的逆变作用，可保持电磁转矩方向不变。

在一些小负载的应用中，通常会选择如图 3.3(a)所示的小型有刷直流电机。实际使用直流电机时，通常需要配置直流电源。如图 3.3(b)所示，电机引脚分别与直流电源的正负极（＋V/－V）相连，切忌直接与交流电源的火线和零线相连。接线时，若无特殊说明，正负极可以反接，反接时，电机转子的旋转方向会反向。

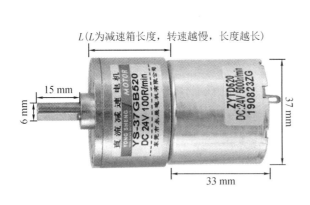
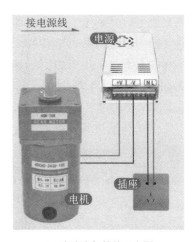

(a) 小型直流电机实物图　　　　　　　　(b) 直流电机接线示意图

图 3.3　直流电机实物图及接线示意图

3.2.2　开关电源

开关电源（switch power）是典型的直流电源，实物图如图 3.4 所示。开关电源又称高频开关电源,是利用现代电力电子技术,由高频脉冲宽度调制(PWM)控制 IC 和 MOSFET 开通与关断的时间比率,来维持稳定输出电压的一种电源。有关开关电源的详细工作原理,读者请参考相关专业书籍。

(a) LRS-50-24   (b) LRS-350-24

图 3.4   开关电源实物图

开关电源已广泛应用于工业自动化控制、军工设备、科研设备、LED 照明、电脑机箱等领域。图 3.5 所示为开关电源接口示意图,其中 L、N 需接入交流电源,+V、−V 分别接入直流设备的正、负极。接线完成后,正式通电前,务必用电工万用表测试正负极是否短接,交流接口与直流接口是否串接等。

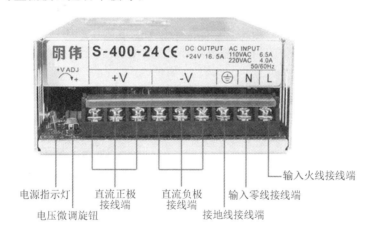

图 3.5   开关电源接口示意图

3.3   典型直流电机启停控制电路

3.3.1   点动/连续控制电路

图 3.6 所示为典型的直流电机点动/连续控制电路原理图。该电路的主要电气元件有:控制按钮 SB1 和 SB2,电磁式继电器 KA,直流电机 M,以及熔断器 FU1 和 FU2。该电路的供电电压为 24 V DC。SB1 是点动按钮,点按时,直流电机 M 转动;松开时,直流电机 M 停止转动。SB2 是自锁按钮,点按时,直流电机 M 转动;松开时,直流电机 M 持续转动。

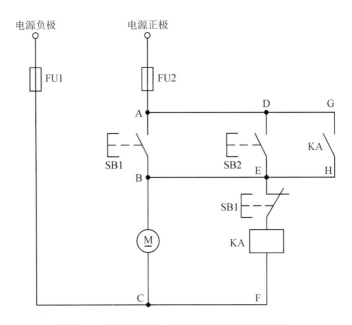

图 3.6　直流电机点动/连续控制电路原理图

该电路的工作原理如下：

当点按 SB1 时，SB1 的常开触点 AB 闭合，同时常闭触点 EF 断开，此时直流电机 M 的供电电路接通（电流流向：A→B→C），电机 M 旋转；当松开 SB1 时，之前闭合的触点 AB 重新断开，此时直流电机 M 的供电电路也断开，因此电机 M 停止。重新点按 SB1 后，重复上述过程。

当点按 SB2 时，SB2 的常开触点 DE 闭合，同时 SB1 的常闭触点 EF 维持不变，因此直流电机 M 的供电电路接通（电流流向：A→D→E→B→C），电机 M 旋转；同时，电磁式继电器 KA 的线圈的供电电路接通（电流流向：A→D→E→F），根据继电器的工作原理，在线圈通电后，其辅助触点 GH 也自动接通，此时，直流电机 M 的供电电路发生改变（电流流向：A→D→G→H→E→B→C），SB2 的常开触点 DE 是否闭合，都不会影响直流电机 M 的供电电路，实现了自锁控制。

3.3.2　正/反转切换控制电路

图 3.7 所示为典型的直流电机正/反转切换控制电路原理图。该电路的主要电气元件有：控制按钮 SB1 和 SB2，电磁式继电器 KA1 和 KA2，直流电机 M，以及熔断器 FU1 和 FU2。该电路的供电电压为 24 V DC。SB1 是正转按钮，点按时，直流电机 M 正转；松开时，直流电机 M 停止转动。SB2 是反转按钮，点按时，直流电机 M 反转；松开时，直流电机 M 停止转动。

该电路的工作原理如下：

当点按 SB1 时，SB1 的常开触点闭合，此时电磁式继电器 KA1 的线圈的供电电路接通（电流流向：A→F→G→H→C），根据继电器的工作原理，在线圈通电后，其辅助触点 AB、CD 也自动接通，实现了电机正转。

当点按 SB2 时，SB2 的常开触点闭合，此时电磁式继电器 KA2 的线圈的供电电路接通

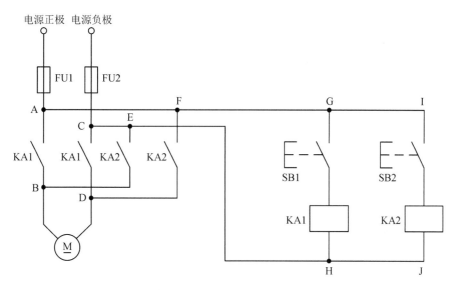

图 3.7　直流电机正/反转切换控制电路原理图

（电流流向：A→F→G→I→J→C），根据继电器的工作原理，在线圈通电后，其辅助触点 EB、FD 也自动接通，实现了电机反转。

思 考 题 3

　　结合本章以及第 2 章的相关知识，补充图 3.8 所示电路中缺失的部分，使该电路可实现点按 SB1 一次，电机 M 启动，再点按一次，电机 M 停止，如此循环。

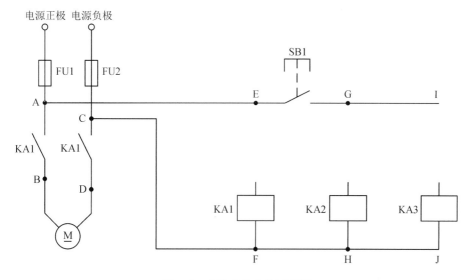

图 3.8　实践任务电路原理图

评分标准：

（1）画出基本的电路图(70 分)；

（2）实现点按 SB1，电机 M 启动(10 分)；

（3）实现点按 SB1，电机 M 停止(10 分)；

（4）实现点动循环(10 分)。

第 4 章　断续逻辑控制——交流电机启停控制电气实践

【学习目标】

（1）了解常用的交流电机启停控制电路电器的类型和名称，以及交流电机启停控制电路常用电气元件的符号和特性。

（2）了解交流电机的工作原理和接线方法，以及交流电机启停控制电路的工作原理。

（3）掌握交流电机启停控制电路的电气图纸绘制方法和接线方法。

（4）能创新设计交流电机启停控制电路，并能运用交流电机启停控制电路解决实践问题。

【本章导读】

本章主要介绍工业自动化电气系统中断续逻辑控制所使用的典型控制方式——交流电机启停控制，有助于读者了解这种控制方式中常用的电气元件的结构、工作原理、电气符号、实际应用，以及典型控制电路等内容。其中，交流电机启停控制电路常用电气元件包括交流电机、低压断路器、接触器、热继电器等。通过本章的学习，读者应理解典型交流电机启停控制电路常用电气元件的工作原理及应用特性等知识点，并能用电气符号及制图软件绘制基本的控制电路图。

4.1　交流电机启停控制的典型应用

交流电机工作效率较高，广泛应用于工农业生产、交通运输、家用电器等场合。如图 4.1 所示，市面上主流电动汽车的驱动电机基本采用交流电机，因为相比直流电机来说，三相交流电机操控性能好，还具有大扭矩和高转速的输出特性；交流电机也是高铁动车的主要动力来源。

(a) 电动汽车底盘　　　　　　　　　　(b) 高铁动车底盘

图 4.1　交流电机的典型应用

交流电机的电气控制方案如图 4.2 所示，所需的自动控制元件和保护元件，与第 2、3 章中的有较大区别。

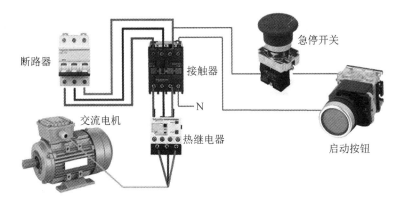

图 4.2　交流电机的电气控制方案

4.2　交流电机启停控制电路常用电气元件

4.2.1　交流电机

交流电机是将交流电能转化为机械能的装置。随着交流驱动技术的发展，交流电机的驱动特性已经能够和直流电机相媲美，且交流电机的结构简单、制造方便，容易做成高电压、大容量，因此交流电机被广泛使用。这里以三相交流异步电机为例，介绍其结构。

如图 4.3 所示，三相交流异步电机结构与直流电机的类似，其主要由定子和转子组成。

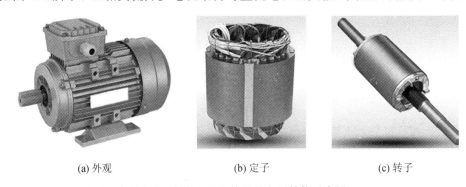

(a) 外观　　　　　　　(b) 定子　　　　　　　(c) 转子

图 4.3　交流电机的外观及主要结构示意图

定子是电机中静止不动的部分，主要由定子铁芯、定子绕组等组成，用于产生空间中的旋转磁场（而有刷直流电机定子部分产生的是恒定的磁场）。定子铁芯装在机座内部，是主磁通磁路的一部分，为了降低涡流损耗，采用 $0.35\sim0.5$ mm 厚的硅钢片叠压而成。定子绕组则是由相互绝缘的导线按一定规律嵌入定子铁芯槽中制成的线圈。在三相交流异步电机的定子铁芯上，缠绕着对称的三相绕组，通入三相交流电时，会产生旋转磁场。

转子是电机进行能量转换的枢纽，主要由转子铁芯、转子绕组和转轴等组成，用于产生电磁转矩和感应电动势。转子铁芯安装在转轴上，是电机主磁通磁路的一部分，由硅钢片叠压而成，硅钢片外圆冲有均匀分布的孔槽，用来安置转子绕组。如图 4.3 所示的转子绕组是鼠笼型转子绕组，它是在转子铁芯槽里嵌入铜或铝等导条，再将全部导条两端分别焊接在两个端环上构成的。如果把转子铁芯去掉，绕组形似一个鼠笼。鼠笼型异步电机的结构简单、价格低廉、工作可靠。转轴则固连于转子铁芯，用于转矩和转速输出，是电机与负载的接口。

4.2.2　低压断路器

低压断路器(Low-Voltage Circuit Breaker)俗称自动开关或自动空气开关，是低压配电网系统、电力拖动系统中非常重要的开关电器和保护电器。它主要在低压配电线路或开关柜(箱)中作为电源开关使用，并对线路、电气设备及电机等进行保护。它不仅可以用来接通和分断正常负载电流、电机工作电流和过载电流，而且可以不频繁地接通和分断短路电流。它相当于刀开关、熔断器、热继电器、过电流继电器和欠电压继电器的组合，是一种既有手动开关作用又能自动进行欠电压、失电压、过载和短路保护的电器。

低压断路器具有操作安全、工作可靠、动作后(如短路故障排除后)不需要更换元件等优点，在低压配电系统、照明系统、电热系统等场合常被用作电源引入开关和保护电器，取代了过去常用的刀开关和熔断器的组合。

1. 低压断路器的结构及工作原理

低压断路器具有多种保护功能(过载保护、短路保护、欠电压保护等)、动作值可调、分断能力高、操作方便、安全等优点，所以被广泛应用。典型的低压断路器实物图及内部结构示意图如图 4.4 所示。

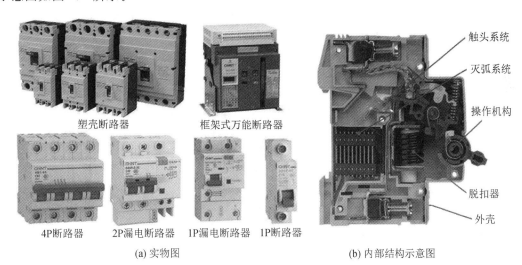

(a) 实物图　　　　　　　　　　　(b) 内部结构示意图

图 4.4　低压断路器实物图及内部结构示意图

低压断路器一般由触头系统、灭弧系统、操作机构、脱扣器、外壳等构成。脱扣器是低压断路器中主要的保护装置。

低压断路器的主触点是靠手动操作或电动合闸的。当电路发生短路或严重过载时，脱扣器受电磁感应作用，产生电磁吸力，使衔铁吸合，从而主触点断开主电路。

注意：当电路中出现短路、过载或欠电压等故障后，低压断路器自动切断电路，此时需将故障排除后再手动合闸，否则不能合闸。

低压断路器的文字符号为 QF，电气符号如图 4.5 所示。

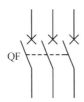

图 4.5　低压断路器的电气符号

2. 低压断路器的主要技术参数

低压断路器的主要技术参数有额定电压、额定电流、通断能力、分断时间、各种脱扣器的整定电流、极数、允许分断的极限电流等。额定电压是指低压断路器长期工作时的允许电压；额定电流是指低压断路器长期工作时的允许通过电流；通断能力是指低压断路器在规定的电压、频率以及规定的电路参数(交流电路为功率因数，直流电路为时间常数)下，所能接通和分断的短路电流值；分断时间是指断路器切断故障电流所需的时间。

图 4.6 所示为低压断路器应用于断续控制电路中的接线示意图，输入的交流电源一般从断路器上方引入，再从下方引出，接至断续控制电路。在低压断路器的正面一般会明确标识其主要的技术参数，因此在实际应用时，需要核对额定电流等主要性能参数是否符合使用需求。

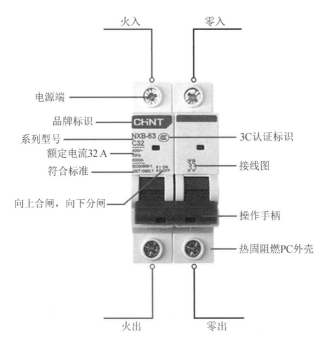

图 4.6　低压断路器接线示意图

4.2.3　接触器

接触器(Contactor)是一种用于频繁地接通或分断交直流主电路及大容量控制电路的自动切换电器。接触器除能实现自动切换外，还具有手动开关所不能实现的远距离操作功能和失电压(或欠电压)保护功能。它不同于低压断路器,虽有一定的过载能力,但却不能切断短路电流,也不具备过载保护的功能。接触器是电力拖动自动控制系统中的重要元件之一,其结构紧凑、价格低廉、工作可靠、维护方便,用途十分广泛。在继续逻辑控制系统中,接触器常作为输出执行元件,用于控制电机、电热设备、电焊机、电容器组等负载。

相比于低压断路器,接触器可频繁地接通或分断电路,但不能分断短路电流;而低压断路器不仅可以分断额定电流、一般故障电流,还能分断短路电流,但单位时间内允许的操作次数较少。

接触器的种类很多,按驱动方式的不同,可分为电磁式接触器、永磁式接触器、气动式接触器和液压式接触器,目前以电磁式接触器应用最为广泛。这里主要介绍电磁式接触器,其实物图如图 4.7(a)所示。

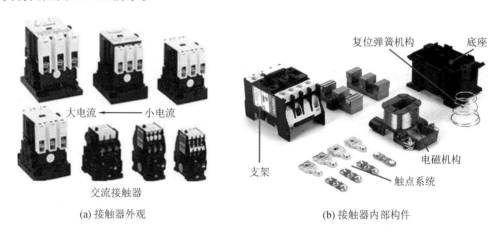

(a) 接触器外观　　　　　　　　　　　　　(b) 接触器内部构件

图 4.7　接触器实物图

1. 接触器的结构及工作原理

以电磁感应原理工作的接触器其结构组成与电磁式电器的相同。如图 4.7(b)所示,接触器一般由电磁机构、触点系统、复位弹簧机构或缓冲装置、支架与底座等几部分组成。接触器的电磁机构由电磁线圈、铁芯和衔铁等组成。接触器的触点包括主触点和辅助触点。

接触器的工作原理图如图 4.8 所示。当接触器的电磁机构(即图 4.8 中的吸引线圈)通电后,线圈电流在静铁芯中产生磁通,该磁通对动铁芯产生克服复位弹簧反力的电磁吸力,

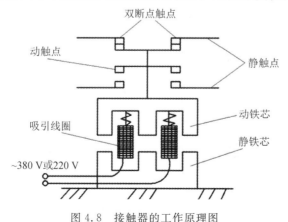

图 4.8　接触器的工作原理图

使动铁芯带动动触点动作。动触点动作时,之前闭合的动、静触点先断开,断开的动、静触点后闭合。当线圈中的电压值降低到某一数值(无论是正常控制还是欠电压、失电压故障,一般降至线圈额定电压的85%)时,静铁芯中的磁通下降,电磁吸力减小,当减小到不足以克服复位弹簧的反力时,动铁芯在复位弹簧的反力作用下复位,使动、静触点的接触状态恢复初始状态,这也是接触器的失电压保护功能。

接触器的文字符号为KM,电气符号如图4.9所示。

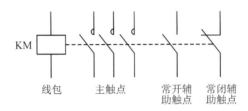

图 4.9　接触器的电气符号

常见的电磁式接触器按流过主触点的电流性质不同,可分为交流接触器和直流接触器。

交流接触器与直流接触器的工作原理相同,但其结构和应用有所区别。

1) 交流接触器

交流接触器主要用于控制电压为 380 V 以下、电流为 600 A 以下的交流电路,可频繁地启动和控制交流电机等电气设备。

交流接触器的铁芯一般经硅钢片叠压后铆接而成,以减少涡流与磁滞损耗,防止过热。电磁线圈绕在骨架上做成扁而厚的形状,与铁芯隔离,这样有利于铁芯和线圈的散热。交流接触器在铁芯柱端面嵌有短路环,其作用是减少交流接触器吸合时产生的振动和噪声。

交流接触器的触点一般由银钨合金制成,具有良好的导电性和耐高温烧蚀性。触点有主触点和辅助触点之分。主触点用于通断大电流主电路,一般由接触面较大的三对(三极)常开触点组成;辅助触点用于通断小电流控制电路,起电气联锁作用,一般由常开、常闭触点成对组成。如图4.10所示,L1、L2、L3(1、3、5)为入线主触点,T1、T2、T3(2、4、6)为

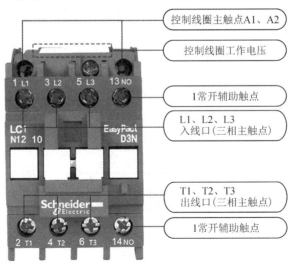

图 4.10　交流接触器接口示意图

出线主触点,13 和 14 为常开辅助触点(NO),此外,A1 和 A2 为吸引线圈的接线触点。

　　2) 直流接触器

　　直流接触器主要用于远距离接通和分断直流电路以及频繁地启动、停止、反转和反接制动直流电机,也用于频繁地接通和断开起重电磁铁、电磁阀、离合器的电磁线圈等。

　　直流接触器的结构和工作原理与交流接触器的基本相同。所不同的是,直流接触器的铁芯用整块铸铁或铸钢制成,通常将线圈绕制成长而薄的圆筒状。由于铁芯中磁通恒定,因此铁芯端面上不需装设短路环。为了保证衔铁可靠地释放,常需在铁芯与衔铁之间垫上非磁性垫片,以减小剩磁的影响。除了触点电流和线圈电压为直流外,其主触点大都采用线接触的指形触点,辅助触点则采用点接触的桥式触点。

　　图 4.11 所示为接触器应用于断续控制电路中的接线示意图。图 4.11(a)所示为两线制220 V 接法,若接触器所控制的用电器额定电压为 220 V,则采用此接法。220 V 的火线和零线分别引入接触器入线口的任意两个触点,再从对应的出线口触点引出。接触器的线圈触点则通过控制元件及开关与电源线相连,这里的控制元件通常指第 2 章中介绍的继电器。图 4.11(b)所示为三线制 380 V 接法,该接法一般用于中高功率的交流电机中。

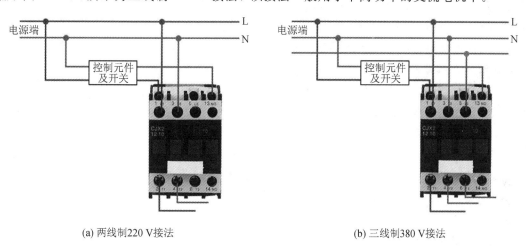

(a) 两线制220 V接法　　　　　　　　　　　　(b) 三线制380 V接法

图 4.11　直流接触器接线示意图

2. 接触器的主要技术参数

接触器的主要技术参数如下:

(1) 额定电压:主触点能承受的额定电压。通常用的电压等级:直流接触器有 24 V、110 V、220 V、440 V、660 V 等;交流接触器有 36 V、127 V、220 V、380 V、500 V 等。

(2) 额定电流:主触点上允许长期通过的最大电流。交、直流接触器均有 5 A、10 A、20 A、40 A、60 A、100 A、15 A、250 A、400 A 和 600 A 几个等级。

(3) 电磁线圈的额定电压:交流 36 V、127 V、220 V 和 380 V;直流 24 V、48 V、110 V、220 V、440 V。

(4) 额定操作频率:允许每小时接通的最大次数,单位为次/h。该技术参数根据型号和性能的不同而不同,交流接触器最高额定操作频率为 600 次/h,直流接触器最高额定操作频率为 1500 次/h。额定操作频率不仅直接影响到接触器的使用寿命,还会影响到交流接触器的线圈温升。

3. 接触器的选用原则

所选用的接触器的技术数据应满足控制线路对接触器提出的要求,选用原则如下:

(1) 根据接触器所控制的负载性质来选择接触器种类。对于直流负载,可选用直流接触器;对于交流负载,可选用交流接触器;对于频繁动作的交流负载,可选用带直流电磁线圈的交流接触器。

(2) 接触器主触点的额定电压应大于或等于所控制负载电路的额定电压。例如,所控制的负载为 380 V 的三相鼠笼型异步电机,则应选用额定电压为 380 V 以上的交流接触器。

(3) 接触器主触点的额定电流应大于或等于被控电路的额定电流,若包含多个负载,则负载的计算电流要小于或等于接触器的额定工作电流。对于电机负载,还应考虑其运行方式,具体计算方法如下:

$$I_N \geqslant \frac{P_N \times 10^3}{KU_N}$$

式中:I_N 为接触器主触点的额定电流;K 为经验常数,一般取 $1 \sim 1.4$;P_N 为被控电机的额定功率;U_N 为被控电机的线电压。

(4) 如果接触器用于电机的频繁启动、制动或正反转等场合,则一般选用额定电流降一个等级的接触器,具体电流等级随选用的系列不同而不同。

(5) 接触器电磁线圈的额定电压应该等于控制回路的电源电压。

(6) 根据控制线路的要求确定接触器触点数。交流接触器通常有三对常开主触点和四至六对辅助触点,直流接触器通常有两对常开主触点和四对辅助触点。

(7) 根据操作次数校验接触器所允许的操作频率。如果操作频率超过规定值,则额定电流应加大一倍。

(8) 短路保护元件参数应和接触器参数配合选用。

需要注意的是:实际选用接触器时应综合考虑成本和具体性能要求,并以相关生产商的产品样本数据为准。

4.2.4　热继电器

热继电器(Thermal Relay)是一种利用电流的热效应原理和发热元件的热膨胀原理,当过载电流通过热元件后,使双金属片加热弯曲去推动动作机构来带动触点动作,断开电机控制电路,实现电机断电停车的保护电器。其主要用于电机的过载保护、断相及电流不平衡运行的保护。

目前使用最多、最普遍的是双金属片式热继电器。它结构简单、体积较小、成本较低。由于热继电器中发热元件具有热惯性,热量的传递需要较长的时间,因此它不同于电流继电器和熔断器,不能用作瞬时过载保护,更不能用作短路保护。热继电器实物图如图 4.12(a) 所示。

1. 热继电器的结构及工作原理

如图 4.12(b)所示,热继电器主要由热元件、双金属片、触点、复位弹簧和推杆等部分组成。双金属片是热继电器的感测元件,它由两种不同线膨胀系数的金属经机械碾压而成。

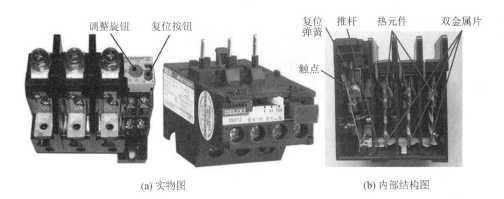

(a) 实物图　　　　　　　　　　　　　　　(b) 内部结构图

图 4.12　热继电器实物图及内部结构图

线膨胀系数大的称为主动层，常用线膨胀系数高的铜或铜镍铬合金制成；线膨胀系数小的称为被动层，常用线膨胀系数低的铁镍合金制成。加热前，双金属片长度基本一致，热元件串接在电机定子绕组电路中，反映电机定子绕组电流。当电机正常运行时，热元件产生的热量虽能使双金属片弯曲，但还不足以使热继电器动作；当电机过载时，流过热元件的电流增大，热元件产生的热量增加，使双金属片弯曲位移增大，从而带动推杆动作，强制将触点脱开，使主回路断电，保护电机。当金属片不再受热变形时，推杆在复位弹簧作用下回复原位，触点重新接通。

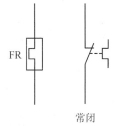

图 4.13　热继电器的电气符号

热继电器的文字符号为 FR，电气符号如图 4.13 所示。热继电器一般是与接触器组合使用后应用于断续控制电路中，如图 4.14 所示的可移动导电杆可直接插入接触器的出线口主触点，导线再从主电路接线端（2/T1、4/T2、6/T3）引出至交流电机，常开触点（98/97）和常闭触点（96/95）则一般串入控制回路中，实现控制回路的跳变保护。

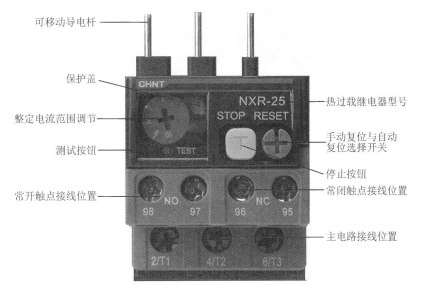

图 4.14　热继电器接线示意图

2. 热继电器的主要技术参数

热继电器的主要技术参数有额定电压、整定电流、相数、整定电流的调节范围等。整定电流是指热元件能够长期通过而不致引起热继电器动作的最大电流。通常热继电器的整定电流是按电机的额定电流整定的。

3. 热继电器的选用原则

选用热继电器时，应从电机型式、工作环境、启动情况及负载特性等几个方面综合加以考虑，选用原则如下：

（1）根据电机的使用场合来确定热继电器的型号。当电机绕组为 Y 接法时，可选用两相结构的热继电器；对于电网电压均衡性差、无人看管的电机，宜采用三相结构的热继电器；当电机绕组为△接法时，可选用带断相保护装置的三相结构的热继电器。

（2）原则上应使热继电器的安秒特性尽可能接近甚至重合电机的过载特性，或者在电机的过载特性下，同时在电机短时过载和启动的瞬间，热继电器应不受影响（不动作）。

（3）当热继电器用于保护长期工作制或间断长期工作制的电机时，一般按电机的额定电流来选用。例如，热继电器的整定值可等于 $0.95\sim1.05$ 倍的电机的额定电流，或者取热继电器整定电流的中值等于电机的额定电流，然后进行调整。

（4）当热继电器用于保护反复短时工作制的电机时，热继电器仅有一定范围的适应性。如果短时间内操作次数很多，就要选用带速饱和电流互感器的热继电器。

（5）对于正反转和通断频繁的特殊工作制电机，不宜采用热继电器作为过载保护装置，而应使用埋入电机绕组的温度继电器或热敏电阻来保护。

4.3 典型交流电机启停控制电路——点动/连续控制电路

1. 工作原理

图 4.15 所示为典型的交流电机点动/连续控制电路原理图。该电路的主要电气元件有：控制按钮 SB1 和 SB2，急停按钮 SB3，断路器 QF，接触器 KM，热继电器 FR，三相异步交流电机 M，以及熔断器 FU。该电路的供电电压为 380 V AC。SB1 是点动按钮，点按时，交流电机 M 转动；松开时，交流电机 M 停止转动。SB2 是自锁按钮，点按时，交流电机 M 转动；松开时，交流电机 M 持续转动。

该电路的工作原理如下：

当点按 SB1 时，SB1 的常开触点 CD 闭合，此时接触器 KM 的线圈的供电电路接通（电流流向：A→C→D→G→H→B），根据接触器的工作原理，在线圈通电后，其主触点也自动接通，但要使电机 M 运转，需保证断路器 QF 已闭合。

当点按 SB2 时，SB2 的常开触点 EF 闭合，此时接触器 KM 的线圈的供电电路接通（电流流向：A→E→F→G→H→B），根据接触器的工作原理，在线圈通电后，其主触点和辅助触点 IJ 同时接通，电机 M 实现自锁连续运转。

2. 接线方法

图 4.15 所示的电路在接线时，需要按照主回路和控制回路的特性分别接线，控制回路的接法与前两章的接法类似。

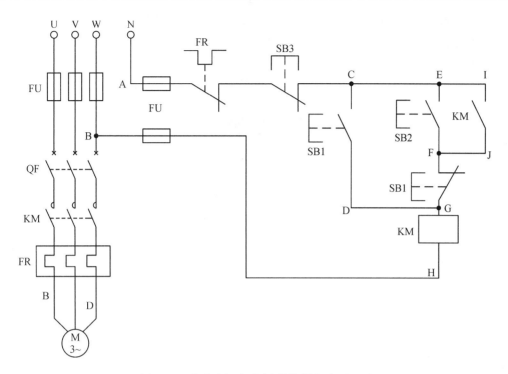

图 4.15　交流电机点动/连续控制电路原理图

交流电机点动/连续控制电路接线示意图如图 4.16 所示。

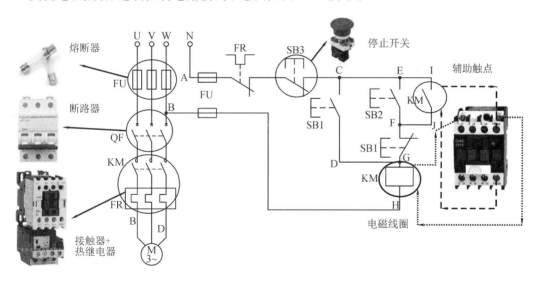

图 4.16　交流电机点动/连续控制电路接线示意图

主回路的接法：三相交流电从电源处接入断路器的前端接口，再从断路器的后端接口接入接触器的前端接口，由于热继电器和接触器可以用过铜柱组成一体，因此可直接从热继电器的后端接口接入电机三相电接口，在接线时应确保三相电一一对应。

控制回路的接法：图 4.15 所示的控制回路采用的是交流电，因此可从三相电中拉出一相和零线组成 220 V 交流电。首先接入热继电器的辅助常闭触点，再接入停止开关 SB3 的常闭触点，然后接入控制按钮 SB1 的常开触点，最后接入接触器线圈的触点，完成点动控制回路的接线；从控制按钮 SB1 的常开触点前端并联控制按钮 SB2 的常开触点，再接回控制按钮 SB1 的常闭触点，同样接入接触器线圈的触点，同时还需从控制按钮 SB2 的常开触点前端并联接入接触器的辅助常开触点，完成连续控制回路的接线。

思 考 题 4

结合本章的相关知识，补充图 4.17 所示电路中缺失的部分，使该电路可实现点按 SB1 时，电机 M 连续正转，点按 SB2 时，电机 M 连续反转，点按 SB3 时，电机 M 停止转动。

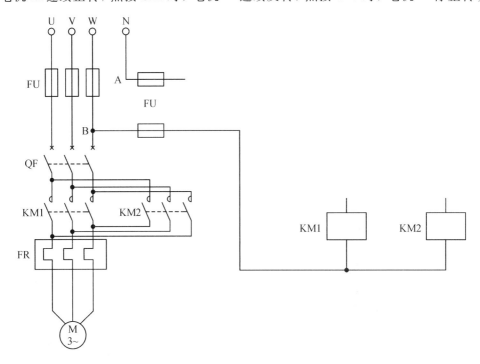

图 4.17　实践任务电气原理图

评分标准：

(1) 画出基本的电路图(70 分)；

(2) 实现点按 SB1，电机 M 连续正转(10 分)；

(3) 实现点按 SB2，电机 M 连续反转(10 分)；

(4) 实现点按 SB3，电机 M 停止转动(10 分)。

第 5 章　PLC 逻辑控制——电机启停 PLC 控制电气实践

【学习目标】

（1）了解 PLC 的基本结构、输入/输出模块的接线方法。

（2）了解断续逻辑控制与 PLC 逻辑控制的区别和联系，掌握 PLC 的选型方法，了解 PLC 的编程方法。

（3）掌握 PLC 编程语言、PLC 位逻辑指令和电机启停 PLC 控制方法。

（4）能创新设计电机启停 PLC 控制程序，并能运用电机启停 PLC 控制程序解决实践问题。

【本章导读】

本章主要介绍 S7-200 Smart 系列 PLC 的典型控制实例——电机启停 PLC 控制，使读者初步了解 PLC 的结构、工作原理、实际应用及编程元件等内容。本章以逻辑控制的位逻辑控制指令使用方法以及 PLC 输入/输出模块接线为基础，提供了电机启停的 PLC 控制实例，读者需要结合控制实例及利用相关控制指令实现基本逻辑控制。

5.1　电机启停 PLC 控制的典型应用

PLC 逻辑控制实际上是用工业可编程逻辑控制器（Programmable Logic Controller）的程序指令代替较为传统的继电器断续控制电路。而电机启停 PLC 控制则是通过 PLC 逻辑运算的特性实现电机启动或停止 IO 信号的交互和控制。如图 5.1 所示，在自动化流水线中，由电机驱动的输送带通常是由 PLC 控制实现自动启停；在自动化的食品机械中，也需要通过电机启停 PLC 控制实现动作的切换和传递等。

在上述应用中，无论是自动化流水线还是自动化的食品机械，都会配置大量的数字

(a) 自动化流水线

(b) 自动包子机

(c) 自动削面机

图 5.1　电机启停 PLC 控制的典型应用

量传感器,用于输出数字量信号反馈设备的运行状态,当 PLC 接收到这些信号后,通过逻辑运算或者条件跳转,再输出符合控制要求的数字量信号至电机控制电路,实现启停控制。

5.2　控制实践硬件基础

5.2.1　总体控制方案

电机启停 PLC 控制的总体方案如图 5.2 所示。其中:PLC 是控制单元,实现 IO 信号的交互以及逻辑运算;控制按钮则在控制时发出启动或停止的数字量输入信号;继电器根据 PLC 输出的控制信号实现直流电机供电电路的通断;直流电源负责给 PLC 的输入和输出模块供电。

在启停控制时,当点按启动按钮(图 5.2 中的绿色按钮)后,PLC 的输入模块检测到该按钮的导通信号,进而触发 PLC 内部相应寄存器的状态改变,控制 PLC 输出模块相应的通道导通,继电器的工作线圈接通,引发其内部触点状态自动改变,从而导通直流电机的供电电路,实现启动控制;在电机运行过程中,点按停止按钮(图 5.2 中的红色按钮)后,重复上述过程,继电器的工作线圈被切断,从而断开直流电机的供电回路,实现停止控制。

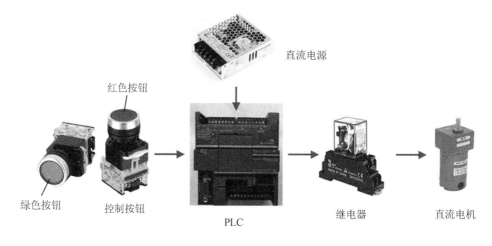

图 5.2　电机启停 PLC 控制的总体方案示意图

5.2.2　PLC 概述

1. PLC 控制系统的基本构成

所有 PLC 的结构都基本相似,主要由中央处理单元(CPU)、存储器、输入/输出单元、扩展接口、通信接口以及电源模块等部分组成,各部分之间通过内部系统总线进行连接,如图 5.3 所示。

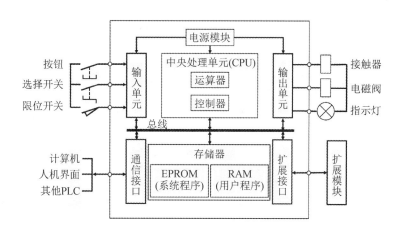

图 5.3　PLC 的基本结构

（1）中央处理单元（CPU）：PLC 的运算控制中心，主要包括运算器和控制器电路。

（2）存储器：用于存储系统程序、用户程序和各种数据。ROM 一般采用 EPROM、E^2PROM 和 FLASH，RAM 一般采用 CMOS 静态存储器，即 CMOS RAM。

（3）输入/输出单元：PLC 与工业现场之间的连接部件，有各种开关量 I/O 单元、模拟量 I/O 单元和智能 I/O 单元等。

（4）扩展接口：PLC 主机扩展 I/O 点数和类型的部件，可连接 I/O 扩展单元、远程I/O 扩展单元、智能 I/O 单元等。它有并行接口、串行接口、双口存储器接头等多种形式。

（5）通信接口：PLC 可以通过该接口与彩色图形显示器、打印机等外部设备连接，也可以与其他 PLC 或上位机连接。外部设备接口一般是 RS-232、RS-422A 或 RS-485 串行通信接口。

（6）电源模块：把外部供给的电源变换成系统内部各单元所需的电源，还包括掉电保护电路和后备电池电源，以确保 RAM 的存储内容不丢失；还可以向外提供 24 V 的隔离直流电源，供给现场无源开关使用。

2. PLC 数字量输入模块

数字量输入功能是标准 CPU 模块的最基本功能，主要为采集现场的开关量信号（接近开关、极限开关和控制按钮等）而设计。

数字量输入模块的主要特性可以描述为：信号逻辑"1"的最小电压为 15 V DC，电流为 2.5 mA，逻辑"0"的最大电压为 5 V DC，电流为 1 mA；信号输入延时为 0.2～12.8 ms；信号输入形式为"漏型"和"源型"，具体信号类型的输入接线原理如图 5.4 所示；额定输入电压为 24 V DC；额定输入电流为 4 mA；最大输入电压为 30 V DC；浪涌电压为 35 V DC（持续时间为 0.5 s）。

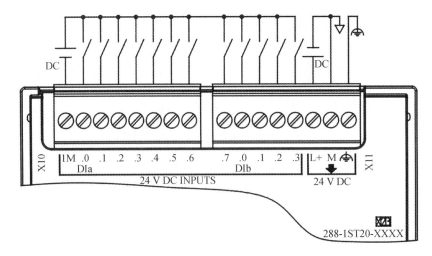

(a) 数字量输入模块接线示意图

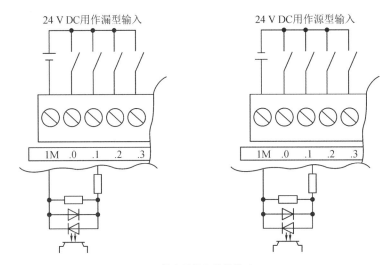

(b) 数字量输入接线模式

图 5.4　PLC 数字量信号输入接线原理图

3. PLC 数字量输出模块

　　数字量输出功能是标准 CPU 模块的最基本功能，主要为控制现场的执行电器（继电器、接触器和电磁铁等）而设计。

　　数字量输出模块的主要特性可以描述为：干触点（开关）形式或者晶体管形式，额定负载时触点寿命为 10 000 次；触点开关脉冲频率为 1Hz；触点接通电阻为 0.2 Ω，断开电阻为 100 MΩ；额定电压为 24 V DC 或 250 V AC，电压范围为 5～30 V DC 或者 5～250 V AC；额定电流最大为 2 A，公共端额定电流最大为 10 A；灯负载最大为 30 W DC 或者 200 W AC。PLC 数字量信号输出接线原理图如图 5.5 所示。其中，图 5.5(b)所示的继电器型输出接线方式可直接控制交流电源供电的电气元件，但这需要特殊类型的 PLC 才能实现。

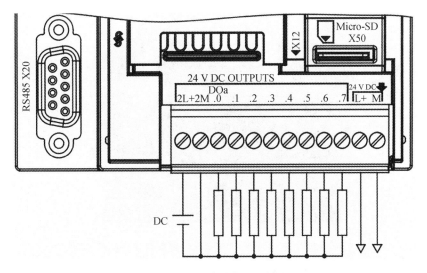

(a) 数字量输出模块接线示意图

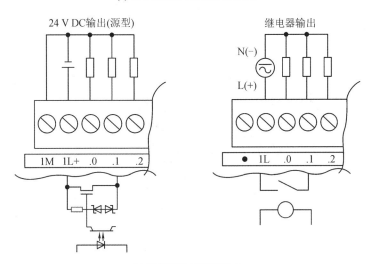

(b) 数字量输出接线模式

图 5.5   PLC 数字量信号输出接线原理图

5.2.3   控制电路接线

根据总体控制方案和 PLC 数字量输入/输出的接线原理可知,控制按钮需要与 PLC 数字量输入模块相连,继电器需要与 PLC 数字量输出模块相连,而直流电机的供电电路的通断由继电器控制。

由 PLC 数字量信号输入接线原理图可知,控制按钮与 PLC 数字量输入模块的实际接线如图 5.6 所示,其中直流电源负极接入端子公共端 1M,直流电源正极经启动按钮的常开触点接入数字量输入端口。因此,当点按控制按钮后,电流从电源正极通过控制按钮进入数字量输入端口,再通过公共端回到电源负极,同时触发对应的数字量输入信号变为逻辑"1"。同理,直流电源正极经停止按钮的常闭触点接入数字量输入端口。

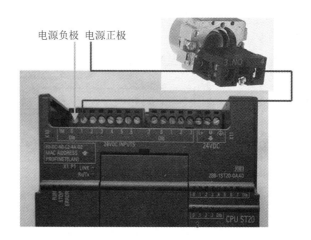

图 5.6　控制按钮与 PLC 数字量输入模块的实际接线示意图

　　由 PLC 数字量信号输出接线原理图可知,继电器与 PLC 数字量输出模块的实际接线如图 5.7 所示,其中直流电源的正、负极分别接入输出模块的公共端 2L＋和 2M,继电器 14 号接口与数字量输出接口相连,同时 13 号端口与电源负极相连。

　　当 PLC 内部运算使得数字量输出信号变为逻辑"1"后,对应的数字量输出端口接通,因此电流通过数字量输出端口流向继电器 14 号接口,使继电器线圈得电产生电磁吸力。

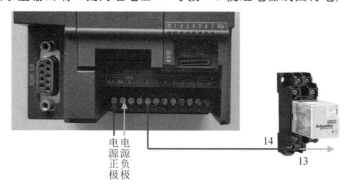

图 5.7　继电器与 PLC 数字量输出模块的实际接线示意图

　　如图 5.8 所示,直流电源正极经继电器的常开触点与电机电源线相连,另一根电源线与电源负极相连,当继电器线圈得电工作时,电机供电电路接通,电机运转,否则电机停止。

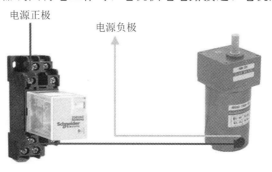

图 5.8　继电器与直流电机接线示意图

5.3　控制实践软件基础

5.3.1　PLC 逻辑控制基础

1. PLC 的编程语言

SIMATIC 指令集是西门子公司为 S7-200 系列 PLC 设计的，指令的执行速度较快，而且可使用梯形图(LAD)、功能块图(FBD)和语句表(STL)三种编程语言编辑该指令集。通常梯形图(LAD)程序、功能块图(FBD)程序、语句表(STL)程序可有条件的方便地转换(以网络为单位转换)。利用语句表(STL)还可以编写出梯形图(LAD)或功能块图(FBD)无法实现的程序。三种编程语言具体说明如下：

1) 梯形图(LAD)编程语言

梯形图(LAD)是与电气控制电路相呼应的图形语言，它沿用了继电器、触头、串并联等术语和类似的图形符号，同时简化了符号，并增加了一些功能性的指令。梯形图按自上而下、从左到右的顺序排列，最左边的竖线称为起始母线(也称左母线)，然后按一定的控制要求和规则连接各个接点，最后以继电器线圈(或再接右母线)结束，构成一个逻辑行(或称一梯级)。通常一个梯形图中有若干逻辑行(或梯级)，形似梯子。

2) 功能块图(FBD)编程语言

功能块图(FBD)类似于普通逻辑功能图，它沿用了半导体逻辑电路的逻辑框图的表达方式。一般用一个功能方框表示一种特定的功能，框内的符号表达了该功能块图的功能。功能块图通常有若干个输入端和若干个输出端。输入端是功能块图的条件，输出端是功能块图的运算结果。

3) 语句表(STL)编程语言

语句表(STL)是用助记符来表达 PLC 的各种控制功能的。它类似于计算机的汇编语言，但比汇编语言更直观易懂，编程简单，因此被广泛使用。这种编程语言可使用简易编程器编程，但比较抽象，一般与梯形图语言配合使用，互为补充。

图 5.9 所示为使用三种编程语言实现同一逻辑的编程实例。

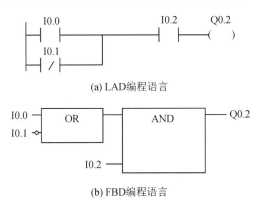

(a) LAD编程语言

(b) FBD编程语言

```
┌─────────────────────────┐
│ 程序注释                 │
└─────────────────────────┘
网络1                    网络标题
┌─────────────────────────┐
│ 网络注释                 │
└─────────────────────────┘
LD        I0.0
ON        I0.1
A         I0.2
=         Q0.2
```

(c) STL编程语言

图 5.9　使用三种编程语言实现同一逻辑的编程实例

2. PLC 的数据类型

PLC 将信息存于不同的存储器单元中，每个单元都有唯一的地址。表 5.1 列出了不同长度数据所能表示的数值范围。

表 5.1　不同长度数据表示的十进制和十六进制数值范围

数制	字节（B）	字（W）	双字（D）
无符号整数	0～255 0H～FFH	0～65 535 0H～FFFFH	0～4 294 967 295 0H～FFFF FFFFH
有符号整数	−128～+127 80H～7FH	−32 768～+32 767 8000H～7FFFH	−2 147 483 648～+2 147 483 647 8000 0000H～FFFF FFFFH

若要访问存储器中的某一位，则必须指定其详细地址，包括存储器标识符、字节地址和位号。图 5.10 是一个位寻址的例子（也称为"字节.位"寻址），用点号"."来分隔字节地址与位号。

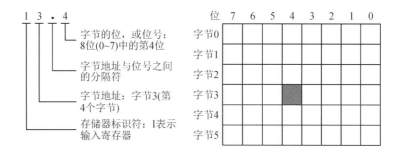

图 5.10　位寻址原理

使用这种寻址方式，可以按照字节、字或双字来访问许多存储器（V、I、Q、M、S、L 及 SM）中的数据。若要访问 CPU 中的一个字节、字或双字数据，则必须以类似位寻址的方式给出地址，包括存储器标识符、数据大小，以及该字节、字或双字的起始字节地址，如图 5.11 所示。其他存储器如 T、C、HC 和累加器中的数据访问也可采用类似方法。

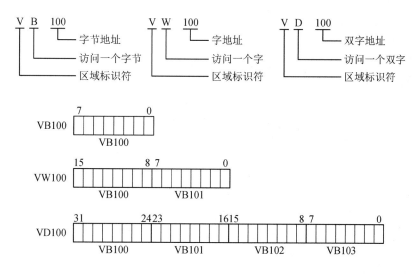

图 5.11　字节、字和双字寻址原理

S7-200 系列 PLC 中主要存储器的数据寻址方式如表 5.2 所示。

表 5.2　S7-200 系列 PLC 中主要存储器的数据寻址方式

存储器(标识符)	可用寻址方式	实例
输入映像寄存器(I)	位：I[字节地址].[位地址] 字节/字/双字：I[大小][起始字节地址]	I0.1 IB4
输出映像寄存器(Q)	位：Q[字节地址].[位地址] 字节/字/双字：Q[大小][起始字节地址]	Q0.1 QB5
变量寄存(V)	位：V[字节地址].[位地址] 字节/字/双字：V[大小][起始字节地址]	V10.1 VW5
位存储器(M)	位：M[字节地址].[位地址] 字节/字/双字：M[大小][起始字节地址]	M20.1 MD10
定时寄存器(T)	位：T[定时器号]　(定时满触点) 字：T[定时器号]　(存储当前值)	依据指令 T1
计数寄存器(C)	位：C[计数器号]　(计数满触点) 字：C[计数器号]　(存储当前值)	依据指令 C1
高速计数寄存器(HC)	双字：HC[计数器号]　(存储当前值)	HC1
累加器(AC)	字节/字/双字：AC[0-3]	依据指令
特殊功能寄存器(SM)	位：SM[字节地址].[位地址] 字节/字/双字：SM[大小][起始字节地址]	SM0.6 SMB5

存储器(标识符)	可用寻址方式	实例
局部存储寄存器(L)	位：L[字节地址].[位地址] 字节/字/双字：L[大小][起始字节地址]	L0.0 LB33
模拟输入寄存器(AI)	字：AIW[起始字节地址]	AIW2 AIW4
模拟输出寄存器(AQ)	字：AQW[起始字节地址]	AQW2 AQW4
顺序控制寄存器(S)	位：S[字节地址].[位地址] 字节/字/双字：S[大小][起始字节地址]	S0.0 SB3

3. PLC 的编程元件

(1) 输入映像寄存器：用符号 I 表示，用于存放 CPU 在输入扫描阶段采样输入端子的结果，每个输入端子与输入映像寄存器相对应。在每次扫描周期开始时采样输入点的状态，并将采样值存于输入映像寄存器中。输入映像寄存器的状态只能由外部输入信号驱动，不能由内部程序或指令来改变。

(2) 输出映像寄存器：用符号 Q 表示，每个输出映像寄存器与唯一的输出端子相对应，CPU 会将判断结果赋值给相应的输出映像寄存器，随后在扫描周期结尾时，输出到对应的输出接口上，再由输出模块将输出信号传递给外接负载。

(3) 位存储器：也称中间继电器或内部线圈，用符号 M 表示。它位于 PLC 存储器的位存储区，与继电器控制系统的中间继电器作用相同，用于存放控制逻辑的中间状态和其他控制信息。

(4) 变量寄存器：用符号 V 表示，主要用于存放用户程序执行过程中控制逻辑操作的中间结果，也可以用来保存与工序或任务有关的其他数据。变量寄存器是全局有效的，即同一个寄存器可以在任一程序分区被访问。

(5) 局部存储寄存器：用符号 L 表示，用来存放局部变量。局部存储寄存器是局部有效的，只能在某一程序分区中使用。

(6) 特殊功能寄存器：也称特殊内部线圈，用符号 SM 表示。它是用户程序与系统程序之间的界面，为用户提供一些特殊的控制功能及系统信息。用户对操作的一些特殊要求也要通过特殊功能寄存器通知系统。

(7) 顺序控制寄存器：用符号 S 表示，用于顺序控制。顺序控制寄存器是在顺序功能图编程方式中使用的，可提供控制程序的逻辑分段，从而实现顺序控制。

(8) 定时寄存器：用符号 T 表示。定时寄存器是 PLC 中重要的编程元件，是累计时间增量的内部器件。通常定时寄存器的设定值由程序赋予，需要时也可在外部设定。

(9) 计数寄存器：用符号 C 表示，主要用于累计输入脉冲的次数，有增计数、减计数、增减计数三种类型。计数寄存器的设定值通常由程序赋予，需要时也可在外部设定。

（10）高速计数寄存器：用符号 HC 表示，用于累计高速脉冲信号。当高速脉冲信号的频率比 CPU 扫描速率更快时，必须要用高速计数寄存器计数。高速计数寄存器的当前值为只读值。

（11）累加器：用符号 AC 表示，用于暂时存储计算中间值，也可以向子程序传递参数或返回参数。累加器是可读写单元，可以按字节、字、双字存取累加器中的数值。

（12）模拟量输入寄存器：用符号 AI 表示，用于将外部输入的模拟信号转化为一个字长（16 位）的数字量，供 CPU 运算处理。模拟量输入寄存器的值为只读形式。

（13）模拟量输出寄存器：用符号 AQ 表示，用于将 CPU 运算处理的数字量转化为外部设备可以接收的模拟信号（电压或电流），完成模拟量的控制。

5.3.2　PLC 逻辑编程基础

1. 位逻辑指令

S7-200 的 SIMATIC\IEC1131 梯形图编程在位逻辑控制方面有触点、线圈、逻辑堆栈和 RS 触发器指令。这里仅给出最为常用的标准触点和线圈指令（见表 5.3），其他指令可根据需要查看 S7-200 产品用户手册。

表 5.3　常用位逻辑指令表

指令名称	指令符号	操作数类型	操作数
常开标准触点	—┤ ├— bit	bit　BOOL	I、Q、V、M、SM、S、T、C、L 和功率流 N＝1～255
常闭标准触点	—┤/├— bit	bit　BOOL	
输出	—( ) bit	bit　BOOL	
置位	—(S)— bit N	bit　BOOL	
		N　BYTE	
复位	—(R)— bit N	bit　BOOL	
		N　BYTE	

2. PLC 编程界面

S7-200 Smart 系列 PLC 的编程软件 STEP 7-Micro/WIN SMART 的界面如图 5.12 所示，其主要包括菜单栏、项目树、工具栏、编程区等。

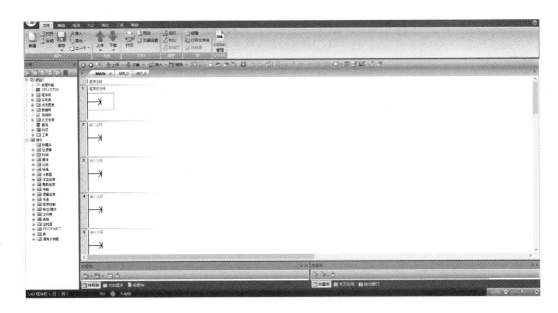

图 5.12　编程软件 STEP 7-Micro/WIN SMART 的界面

1）菜单栏

菜单栏如图 5.13 所示，其主要包括以下功能区：

图 5.13　菜单栏示意图

（1）"文件"功能区：包括"操作""传送""打印""保护""库"等部分。其中，"操作"区块用于实现项目文件的新建、导入、导出和另存为等功能；"传送"区块用于实现 PLC 程序的上传和下载功能，上传是将项目文件从 PLC 传送到编程计算机中，而下载则是将项目文件从编程计算机传送到 PLC 中。

（2）"编辑"功能区：包括"剪贴板""插入""删除""搜索"等部分。其中，"剪贴板"区块可实现粘贴、剪切、复制和撤消等功能。

（3）"视图"功能区：包括"编辑器""窗口""符号""注释""书签""属性"等部分。其中，"符号"区块可实现绝对地址和自定义符号显示切换。

（4）"PLC"功能区：包括"操作""传送""存储卡""信息""修改"等部分。其中，"操作"区块可以控制 PLC 的运行和停止（由于 S7-200 Smart 系列 PLC 没有硬件启动按钮，因此通常需要通过本区块来进行操作）；"传送"区块的功能与"文件"功能区中的一致。

（5）"调试"功能区：包括"读取/写入""状态""强制""扫描""设置"等部分。其中，"状态"区块用于显示 I/O 状态、数据值和逻辑运算结果等。通常为了调试 PLC 程序使其正确运行，选择"状态"监控是必须掌握的方法。

（6）"工具"功能区：包括"向导""工具""设置"等部分。其中，"向导"区块包括高速计数器、运动控制、PID、PWM 等指定功能的组态，可以实现相关子程序的自动生成。

（7）"帮助"功能区：包括"Web""信息""版本"等部分。其中，"信息"区块的"帮助"按钮提供了关于 STEP 7-Micro/WIN SMART 的概念、指令和任务的全面帮助系统。初学者可以通过"帮助"按钮掌握 PLC 编程所需的基本信息。

2）项目树

项目树如图 5.14 所示，其包括编程项目的树状图和编程指令文件夹。

图 5.14　项目树示意图

(1) 项目的树状图：包括"程序块""符号表""状态图表""数据块""交叉引用""向导""工具"文件夹。

① "程序块"文件夹：存放主程序（OB1）、子程序（SBR_x）和中断程序（INT_x）。通常总体的程序在 OB1 中编写，自定义的相关功能模块在子程序中编写，触发中断事件后执行的相关程序则放到中断程序中。

② "符号表"文件夹：用于自定义所使用的软元件（即表 5.2 中所列的寄存器符号）的名称，并显示在窗口中。在符号表中定义的符号适用于全局，并可以为下列存储器类型创建符号名：I、Q、M、SM、AI、AQ、V、S、C、T、HC 等。

③ "状态图表"文件夹：用于在窗口中显示存储器的初始值和当前值。通过图表状态和趋势显示两种不同的方式可以查看状态图表数据的动态改变情况。图表状态是在表格中显示状态数据，即每行指定一个要监视的 PLC 数据值，可指定存储器地址、格式、当前值；趋势显示则是通过随时间变化的 PLC 数据绘图跟踪状态数据。可以在表格视图和趋势视图之间切换现有状态图表，也可以在趋势视图中直接分配新的趋势数据。

④ "数据块"文件夹：允许编程人员向 V 存储器的特定位置分配常数（数字值或字符串）。编程人员可以对 V 存储器的字节（V 或 VB）、字（VW）或双字（VD）地址赋值，还可以输入可选注释（前面带双斜线"//"）。

⑤ "交叉引用"文件夹：主要用于查看程序中字节和位的使用情况，以防止无意间重复赋值。

⑥ "向导"文件夹：提供到所有 STEP 7-Micro/WIN SMART 向导的便捷链接。此文件夹中还显示了全部可用的向导，并指示哪些向导不可用于当前 PLC 类型。可以打开向导组态并选择现有组态。现有向导组态页面用可直接打开的节点表示。可以直接进入所选向导组态的特定部分，而无须再次逐步走过整个向导。

⑦ "工具"文件夹：所提供的功能与图 5.13 所示的"工具"功能区的"工具"区域的功能一致，可提供"运动控制面板""PID 整定控制面板""SMART 驱动器组态"等功能。

(2) "指令"文件夹：提供了所有 STEP 7-Micro/WIN SMART 中的编程指令，并按照"位逻辑""比较""计数器""浮点运算""整数运算""中断""逻辑运算""移动""定时器"等类别分类管理。

3）工具栏

工具栏如图 5.15 所示，一些常用操作按钮及通用程序元素放置在此处，便于编程时快速执行相关操作。可以实现的便捷操作有：运行或停止 PLC，上传或下载程序，插入或删除相关对象，启动或暂停程序监视以及可拖动到程序段的通用程序元素。

图 5.15　工具栏示意图

4）编程区

编程界面如图 5.16 所示，其中选项卡可以使得编程界面在主程序块、子程序或中断程序间进行切换。程序注释一般显示在第一个程序段的上方，可以提供详细的多行程序注释功能，但每条注释最多可有 4096 个字符。而程序段注释一般显示在程序段旁边，为每个程序段提供详细的多行注释附加功能。每条程序段注释最多可有 4096 个字符。

在进行梯形图编程时，需要拖动相关的指令到如图 5.16 所示的能流指示箭头处。若箭头末端是一竖线，则表示一段程序的起点，即使后面没有其他元素，程序段也能成功编译。若箭头末端无竖线，则表示程序处于开路状态，此时必须解决开路问题，程序段才能成功编译。

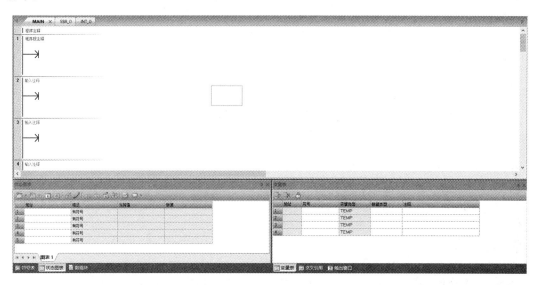

图 5.16　编程界面

3. 逻辑运算编程实例

在逻辑运算中，最基础的指令就是"与""或""非"，其逻辑关系在编程界面的具体实现如下所述。

1）逻辑"与"

如图 5.17 所示，逻辑"与"在梯形图编程中的呈现形式是两个触点串联，其逻辑关系如表 5.4 所示，其中逻辑"1"表示接通，逻辑"0"表示断开。该梯形图的控制逻辑是只有当输入触点 I0.0 和 I0.1 都接通时，线圈 Q0.0 才会输出。

软件使用及编程
演示

```
    I0.0      I0.1      Q0.0
  ──┤ ├──────┤ ├──────( )──
```

图 5.17　逻辑"与"程序示意图

表 5.4　逻辑"与"运算表

地　址	I0.0	I0.1	Q0.0
逻辑值	1	1	1
	1	0	0
	0	1	0
	0	0	0

逻辑"与"通常用于多个条件判断时的情况，如设备启动的条件、设备停止的条件等。

2）逻辑"或"

如图 5.18 所示，逻辑"或"在梯形图编程中的呈现形式是两个触点并联，其逻辑关系如表 5.5 所示。该梯形图的控制逻辑是当任一输入触点 I0.0 或 I0.1 接通时，线圈 Q0.0 就会输出。

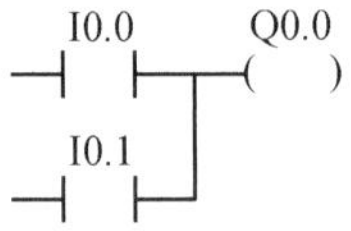

图 5.18　逻辑"或"程序示意图

表 5.5　逻辑"或"运算表

地　址	I0.0	I0.1	Q0.0
逻辑值	1	1	1
	1	0	1
	0	1	1
	0	0	0

逻辑"或"通常用于多种工况条件任选其一的情况，如设备点动启动和自动启动等。若将图 5.18 中的触点 I0.1 换成地址 Q0.1，则可实现线圈 Q0.0 自锁功能。

3）逻辑"与非"

如图 5.19 所示，逻辑"与非"在梯形图编程中的呈现形式是触点常闭，其逻辑关系如表 5.6 所示。该梯形图的控制逻辑是在输入触点 I0.0 接通的前提下，I0.1 不接通时，线圈 Q0.0 输出；若 I0.1 接通，则线圈 Q0.0 断开。

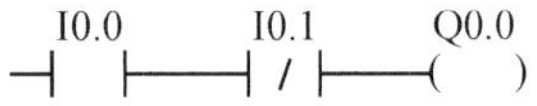

图 5.19　逻辑"与非"程序示意图

表 5.6　逻辑"与非"运算表

地　址	I0.0	I0.1	Q0.0
逻辑值	1	1	0
	1	0	1
	0	1	0
	0	0	0

5.3.3　控制逻辑分析

由 5.2.1 节所示的总体控制方案可知，继电器的通断主要由按钮来控制。根据前述接线原理，假定启动按钮 SB1 接入 I0.0，停止按钮 SB2 接入 I0.1，继电器线圈接入 Q0.0。

当点按 SB1 时，I0.0 的逻辑状态从"0"变到"1"，若在梯形图中直接连接线圈 Q0.0，则
Q0.0 的逻辑状态也从"0"变到"1"，继电器控制回路接通，线圈吸合，实现电机电路的接
通。但松开 SB1 后，I0.0 的逻辑状态从"1"恢复到"0"，与它直接相连的线圈 Q0.0 的逻辑
状态也从"1"变到"0"，继电器断路，电机停止运转。因此，需要设计自锁的逻辑程序，使得
当松开 SB1 时，电机仍持续运转；此外，当进入自锁状态后，需要 SB2 介入断开自锁，实现
电机停转，但在启动时，SB2 又不能影响电机的运行状态，因此 SB2 在程序中需要呈现逻
辑"与非"。

5.3.4　PLC 编程实现

根据上述逻辑关系，编写的梯形图如图 5.20 所示。将梯形图下载到
PLC 中后，该程序监控图如图 5.21 所示，当 I0.0 所外接的按钮没有点下
时，梯形图不往下运行，线圈 Q0.0 没有输出。

电机启停
实例演示

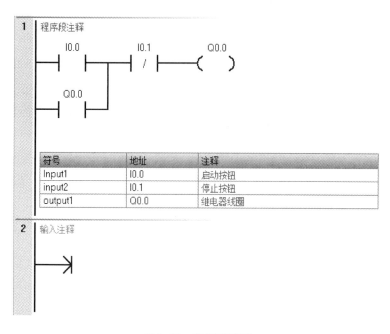

图 5.20　自锁梯形图

图 5.21　未点击按钮时的程序监控图

如图 5.22 所示，当点击启动按钮 I0.0 时，程序往下运行，此时线圈 Q0.0 接通，同时
其触点状态也接通；如图 5.23 所示，当松开启动按钮 I0.0 后，线圈 Q0.0 仍然保持接通，
处于自锁状态；如图 5.24 所示，当点击停止按钮 I0.1 时，线圈 Q0.0 自锁状态断开。

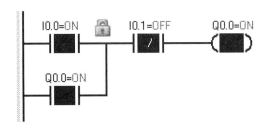

图 5.22　点击启动按钮时的程序监控图

图 5.23　松开启动按钮时的程序监控图

图 5.24　点击停止按钮时的程序监控图

思 考 题 5

　　根据本章的相关知识，设计合理的逻辑程序，使该程序实现点按 SB1，电机连续正转（Q0.0），点按 SB2，电机连续反转（Q0.1），点按 SB3，电机停止，且正转和反转的线圈不能同时接通，并描述硬件是如何接线的。

实践任务演示效果

　　评分标准：
　　（1）实现点按按钮，电机连续正转及停止（70 分）；
　　（2）实现点按按钮，电机连续反转及停止（10 分）；
　　（3）正转和反转的线圈不同时接通（10 分）；
　　（4）硬件接线描述正确（10 分）。

第 6 章　PLC 逻辑控制——接近开关计数控制电气实践

【学习目标】

(1) 了解接近开关的工作原理、种类和选用原则。

(2) 了解接近开关与 PLC 的接线原理，以及 PLC 计数器指令的使用方法。

(3) 掌握不同计数方式下的接线方法和 PLC 计数程序编写方法。

(4) 能创新设计接近开关的 PLC 计数程序，并能运用 PLC 计数程序解决实践问题。

【本章导读】

本章主要介绍 S7-200 Smart 系列 PLC 的典型控制实例——接近开关计数控制，使读者进一步了解 PLC 数字量输入/输出模块的结构、工作原理及实际应用等内容。本章以逻辑控制的计数器指令使用方法以及接近开关接线为基础，提供了接近开关计数 PLC 控制实例，读者需要结合控制实例及利用相关控制指令实现基本逻辑控制。

6.1　接近开关计数控制的典型应用

接近开关计数控制在工业自动化领域有着大量的应用，例如：检测距离或位置，防止物体碰撞；鉴别物体尺寸；检测产品质量；反馈旋转机械的转速等。

如图 6.1 所示，接近开关计数及控制检测生产线上流过的产品数是物流行业及自动化生产流水线环节极为重要的组成部分。当旋转物体的边沿设置为齿形状时，通过齿隙间隔即可实现接近开关计数，从而测算出旋转物体的转速。

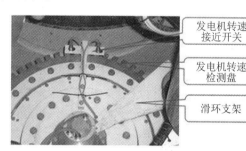

(a) 输送带计数　　　　　　　　　　　　(b) 转速监测

图 6.1　接近开关计数控制的典型应用

6.2 控制实践硬件基础

6.2.1 总体控制方案

接近开关计数控制电路的总体方案如图 6.2 所示，其包括 PLC、接近开关、指示灯和直流电源等。其中，PLC、指示灯和直流电源的功能在前面章节中已有介绍。这里接近开关会因为物体靠近传感器而产生脉冲信号，若产生的是连续的脉冲信号，则 PLC 对脉冲信号的个数进行计数，当计数值达到一定数值后，PLC 数字量输出模块输出信号，接通指示灯供电回路，使指示灯点亮。

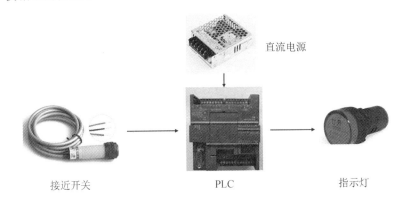

图 6.2 接近开关计数控制的总体方案示意图

6.2.2 接近开关

1. 接近开关的工作原理及种类

1）工作原理

接近开关（Proximity Switch）是一种非接触式的无触点行程开关。当某一物体接近其信号机构时，接近开关会发出信号，并进行相应的操作。而且，不论所检测的物体是运动的还是静止的，接近开关都会自动地发出物体接近的动作信号。它不像机械行程开关那样需要施加机械力，而是通过感应头与被测物体间介质能量的变化来获取信号。

接近开关不仅能代替有触点行程开关来完成行程控制和限位保护，还可用于高频计数、测速、液面检测、零件尺寸检测、金属体的存在检测等。由于接近开关具有无机械磨损、工作稳定可靠、寿命长、重复定位精度高以及能适应恶劣的工作环境等特点，因此在航空航天、工业生产、日常生活（如银行、宾馆的自动门）等领域得到了广泛应用。

接近开关实物图如图 6.3 所示。

2）种类

接近开关的种类很多，机电控制中用到的接近开关主要有以下几种。

（1）无源接近开关。该种接近开关不需要电源，通过磁力感应控制开关的闭合状态。它具有不需要电源、非接触、免维护等优点。

（2）涡流式接近开关。该种接近开关所能检测的物体必须是导电体。导电体在接近感

图 6.3　接近开关实物图

应头时产生涡流,这个涡流反作用到接近开关,使开关内部电路参数发生变化,由此接近开关识别出有无导电体移近,进而控制开关的通或断。这种接近开关具有抗干扰性能好、开关频率高等优点。

（3）电容式接近开关。该种接近开关所能检测的物体既可以是导体,也可以是绝缘的液体或粉状物等。被检测物体构成电容器的一个极板,开关的外壳作为另一个极板。当有物体移向接近开关时,电容的介电常数发生变化,从而电容量发生变化,和测量头相连的电路状态也随之发生变化,由此即可控制开关的通或断。

（4）霍尔接近开关。该种接近开关所能检测的物体必须是磁性物体。当磁性物体移向霍尔接近开关时会产生霍尔效应,使开关内部电路状态发生变化,由此接近开关识别出附近有无磁性物体存在,进而控制开关的通或断。

（5）光电式接近开关。该种接近开关将发光器件与光电器件按一定方向装在同一个检测头内,当有反光面(被检测物体)接近时,光电器件接收到反射光后便输出信号,由此感知有无物体接近。这种接近开关具有体积小、精度高、响应速度快、检测距离远以及抗光、电、磁干扰能力强等优点。

2. 接近开关选用原则

接近开关的选用原则如下:

（1）若检测对象是铁、钢、铜、铝等金属材料,则优先选用电感式接近开关;若检测对象是塑料、水、纸等物体,则优先选用电容式接近开关。

（2）接近开关的有效检测距离通常以 mm 为单位,因此实际应用时需要根据被检测对象与接近开关的距离来选择合适的传感器。

（3）当接近开关的外形为圆形、方形、凹槽形等时,要根据实际应用场合来选择。

（4）接近开关的输出形态有常开(NO)、常闭(NC)。与控制按钮一样,当接近开关检测到物体时,输出的是断路信号还是通路信号,与控制程序有关。实际应用时,若需检测物体,切断正常工作状态,则选用常闭式接近开关;若需触发新的工作状态,则选用常开式接近开关。

3. 接近开关接线

如图 6.4 所示,接近开关的输出方式有两线制、三线制(NPN、PNP)和四线制。两线制接近开关的接法与控制按钮的一致，一根线接电源，另一根线接 PLC 的数字量输入模块；而三线制接近开关的接法相对更复杂一些，两根电源线，一根信号线，根据 NPN 和 PNP 输出形式的不同，信号线输出电压会有区别，其中 NPN 型接近开关工作时，信号线(黑)输出 0 V，PNP 型接近开关工作时，信号线(黑)输出 24 V；四线制接近开关则是同时带有常开触点和常闭触点。

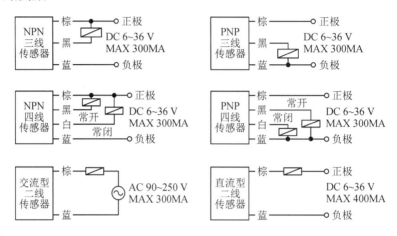

图 6.4　接近开关接线示意图

6.2.3　控制电路接线

根据总体控制方案可知，接近开关需要与 PLC 数字量输入模块相连，指示灯需要与 PLC 数字量输出模块相连。

由 PLC 数字量输入模块的接线原理可知，三线制 PNP 型接近开关与 PLC 数字量输入模块的实际接线如图 6.5 所示，其中一个直流电源负极接入端子公共端(1M)，另一个接入接近开关电源负极(蓝色)，直流电源正极接入接近开关电源正极(棕色)，接近开关的信号线(黑色)接入 PLC 数字量输入模块。当接近开关检测到物体后，输出高电平进入数字量输入端口，再通过公共端回到电源负极，同时触发对应的数字量输入信号，其逻辑状态变为"1"。

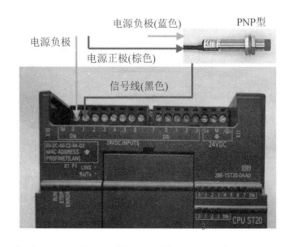

图 6.5　三线制 PNP 型接近开关与 PLC 数字量输入模块的实际接线示意图

三线制 NPN 型接近开关与 PLC 数字量输入模块的实际接线如图 6.6 所示,其中一个直流电源正极接入端子公共端(1M),另一个接入接近开关电源正极(棕色),直流电源负极接入接近开关电源负极(蓝色),接近开关的信号线(黑色)接入 PLC 数字量输入模块。当接近开关检测到物体后,输出低电平,电流从输入端口经过接近开关回到电源负极,同时触发对应的数字量输入信号,其逻辑状态变为"1"。

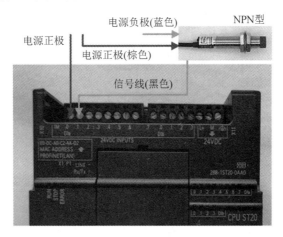

图 6.6   三线制 NPN 型接近开关与 PLC 数字量输入模块的实际接线示意图

指示灯与 PLC 数字量输出模块的实际接线如图 6.7 所示,其中直流电源正极和负极均接入端子公共端,指示灯一个端子与 PLC 数字量输出接口相连,另一个端子与电源负极相连。当 PLC 数字量输出端口的逻辑状态变为"1"时,电流从输出端口流向指示灯,并点亮指示灯。

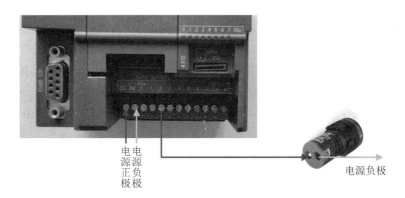

图 6.7   指示灯与 PLC 数字量输出模块的实际接线示意图

6.3   控制实践软件基础

6.3.1   PLC 编程指令

1. 计数器指令

计数器指令主要负责对外界输入低频和高频(20 kHz)脉冲个数进行计数。梯形图编程在计数器方面有增计数器、减计数器和增减计数器指令，详见表6.1。

表 6.1　常用计数器指令

指令名称	指令符号	操作数类型	操作数
增计数器	CXX CU　CTU R PV	CU　BOOL PV　INT R　BOOL	CU：I、Q、V、M、SM、S、T、C、L 和功率流； PV：预设值，整型数； R：计数器复位
减计数器	CXX CD　CTD LD PV	CD　BOOL PV　INT LD　BOOL	CD：I、Q、V、M、SM、S、T、C、L 和功率流； PV：预设值，整型数； LD：计数器预设值装载
增减计数器	CXX CU　CTUD CD R PV	CU　BOOL CD　BOOL PV　INT R　BOOL	CU：I、Q、V、M、SM、S、T、C、L 和功率流； CD：I、Q、V、M、SM、S、T、C、L 和功率流； PV：预设值，整型数； R：计数器复位

表6.1中：增计数器的引脚 CU 和减计数器的引脚 CD 需要接入脉冲触点，而增减计数器引脚的定义与上述两种计数器引脚的定义相同。增计数器的引脚 R 接入复位触点，减计数器的引脚 LD 接入装载触点，它们在本质上的含义是一致的，当该引脚接通时，计数器的当前值都重新更新，增计数器更新为 0，而减计数器更新为当前值（PV 值）。增计数器和减计数器都有 PV 引脚，都是为了装载计数器的目标值，其中增计数器从 0 开始计数脉冲个数，当计数值等于 PV 值时，计数器的逻辑状态变为"1"；减计数器则是从 PV 值开始计数脉冲个数，当计数值等于 0 时，计数器的逻辑状态变为"1"。

2. 与计数器指令相关的存储区域

增计数器每接收到一个脉冲后，计数器当前值增加 1，当达到最大值 32 767 时，计数器停止计数。而对于增减计数器，当计数增加达到最大值 32 767 时，下一次加脉冲将使计数值变为 -32 768；同理，当计数减少到 -32 768 时，下一次减脉冲将使计数值变为 32 767。

实际上，可以使用计数器地址（C+计数器编号）访问当前计数值。由于每个计数器有一个当前值，因此不要将同一计数器编号分配给多个计数器（编号相同的增计数器、增减计数器和减计数器会访问相同的当前值）。

6.3.2　PLC 编程实现

增计数器编程实例如图 6.8 至图 6.12 所示。当 I0.0 从 OFF 到 ON 一次时，计数器 C10 的当前值增 1，当计数值等于 5 时，C10 的逻辑状态从"0"变为"1"，此时线圈 Q0.0 接通；当 I0.1 从 OFF 到 ON 时，计数器 C10 的当前值清零，C10 的逻辑状态重新变为"0"，此时线圈 Q0.0 断开。

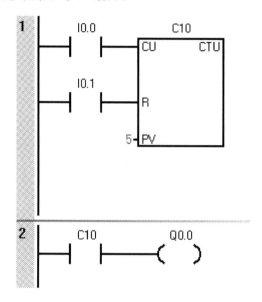

图 6.8　增计数器使用实例图　　　　　图 6.9　增计数器初始状态图

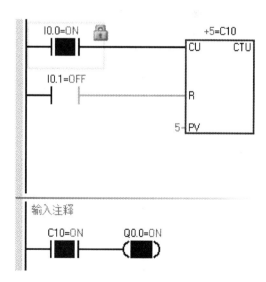

图 6.10　C10＋1 监控图　　　　　图 6.11　C10 计数到 5 次后接通 Q0.0

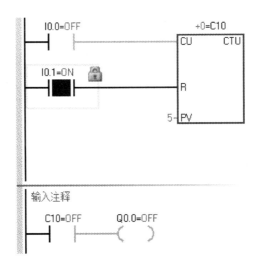

图 6.12　计数器清零

　　减计数器编程实例如图 6.13 至图 6.16 所示。当 I0.0 从 OFF 到 ON 一次时，计数器 C8 的当前值减 1，当计数值等于 0 时，C8 的逻辑状态从"0"变为"1"，此时线圈 Q0.0 接通。需要注意的是，减计数器的初始值为 0，所以刚开始 C8 的逻辑状态是"1"，只有当 I0.1 从 OFF 到 ON 时，计数器 C8 的当前值设置为 7 后，C10 的逻辑状态才会变为"0"，此时线圈 Q0.0 断开，直至计数值重新变为 0。

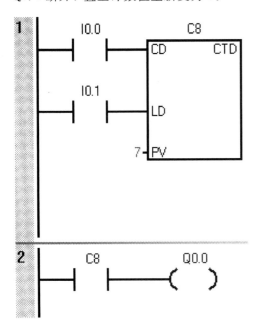

图 6.13　减计数器使用实例图

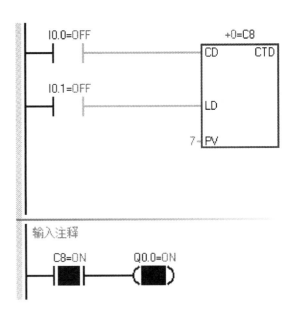

图 6.14　减计数器初始状态图

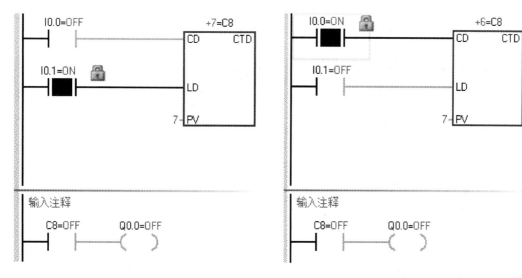

图 6.15　减计数器装载数值图　　　　　　图 6.16　减计数器向下减数值

思 考 题 6

根据本章的相关知识，设计合理的逻辑程序，使该程序可实现当接近开关(I0.0)检测到物体 10 次后，指示灯(Q0.0)点亮，点按 SB1(I0.1)时，指示灯(Q0.0)熄灭，并可重新检测 10 次，并描述硬件是如何接线的。

实践任务示例

评分标准：

(1) 能监测到计数值(70 分)；

(2) 实现检测 10 次后指示灯点亮(10 分)；

(3) 实现点按按钮后重新开始计数(10 分)；

(4) 硬件接线描述正确(10 分)。

第 7 章　PLC 逻辑控制——称重传感器读数控制电气实践

【学习目标】

（1）了解称重传感器的工作方式和接线方法。

（2）了解 PLC 的模拟量输入扩展模块的接线原理及模/数转换指令的使用方法。

（3）掌握称重传感器与 PLC 的模拟量输入扩展模块的接线方法及称重传感器读数程序编写方法。

（4）能创新设计称重传感器的 PLC 读数程序，并能运用 PLC 读数程序解决实践问题。

【本章导读】

本章主要介绍工业自动化电气系统中典型的 PLC 控制实例——称重传感器读数控制，使读者进一步了解 PLC 的模拟量输入扩展模块的结构、工作原理及实际应用等内容。本章以模拟量输入扩展模块与称重传感器的接线方法以及模/数转换指令为基础，提供了称重传感器读数的 PLC 控制实例，读者需要结合控制实例及利用相关控制指令实现基本逻辑控制。

7.1　称重传感器读数控制的典型应用

称重传感器实际上是一种将质量信号转变为可测量的电信号并输出的装置。如图 7.1 所示，称重传感器主要用于电子计价秤、皮带秤、料斗秤等检测物体质量的场合，也用于在线控制、安全过载报警等工业控制领域。

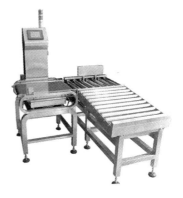

图 7.1　称重传感器读数控制的典型应用

7.2   控制实践硬件基础

7.2.1   总体控制方案

称重传感器读数控制的总体方案如图 7.2 所示，其包括 PLC、模拟量输入扩展模块、称重传感器、变送器和直流电源。直流电源负责给 PLC 及模拟量输入扩展模块供电。当有重物压在称重传感器上时，称重传感器会产生电信号，而变送器进一步放大此电信号，并将其传至模拟量输入扩展模块，经模块内部模/数变换后生成相应的数值，该数值与重物质量呈线性关系。

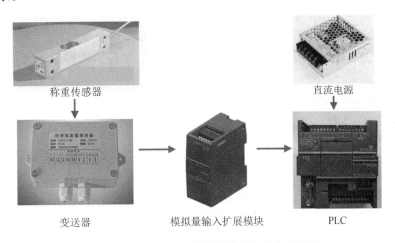

称重传感器   直流电源

变送器   模拟量输入扩展模块   PLC

图 7.2   称重传感器读数控制的总体方案示意图

7.2.2   称重传感器

1. 称重传感器的类型

称重传感器根据其外观的不同，可以分为 S 型、悬臂式、轮辐式、膜盒式、桥式、柱式

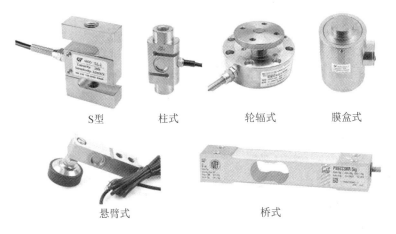

S 型   柱式   轮辐式   膜盒式

悬臂式   桥式

图 7.3   称重传感器实物图

等几种样式，如图 7.3 所示。

S 型称重传感器可以双向承载，适用于吊钩秤、材料力学试验机等设备力值的测量与控制。柱式称重传感器量程范围广，抗过载能力强，广泛应用于大吨位的测量设备。轮辐式称重传感器采用弹性体结构，抗偏载性能好，外形相对较为低矮，安装方便。桥式称重传感器适用于电子配料系统、包装秤等工业自动化测量控制领域。

2. 称重传感器的工作原理

称重传感器的工作原理是将传感器结构件上的应变变化转换为电阻变化，从而将检测质量转换成电信号。

这里以桥式称重传感器为例，介绍其工作原理。桥式称重传感器的桥面部分贴有四片电阻应变片。传感器（弹性元件）在重物的作用下产生弹性变形，粘贴在它表面的电阻应变片（又称敏感元件、转换元件）也随之产生变形；电阻应变片变形后，它的阻值将发生变化（可能增大，也可能减小），随即引起检测电路的变化，并转换成相应的电信号（电流或电压）输出。

3. 称重传感器选用原则

由于传感器是具有负载上限的弹性体，当测量超过量程范围的物体质量时，传感器会从弹性变形变为塑性变形甚至断裂，因此应用称重传感器时必须选择合适的量程。

例如，某品牌的桥式称重传感器技术指标如表 7.1 所示。

表 7.1　某品牌的桥式称重传感器技术指标

规　格	单　位	数　值
量程	kg	5/8/10/15/20/30/40/50/100/200
输出灵敏度	mV/V	2.0±0.15
综合误差	%RO	≤ ±0.030
推荐激励电压	V	10~15

传感器满量程的输出电压＝激励电压×输出灵敏度，而输出电压与量程通常是线性关系，因此可以通过检测传感器的输出电压换算出相应的质量。但传感器直接输出的电压往往是 mV 级，需要通过专用的变送器来放大，以便控制系统接收和处理。

表 7.1 中，"综合误差"一栏中的"RO"表示额定输出（Rated Output）。例如，当传感器的量程为 200 kg 时，其综合误差不大于±60 g。因此，当应用场合的精度需求较高时，最好优先考虑小量程的称重传感器。

7.2.3　控制电路接线

S7-200 Smart 系列 PLC 的模拟量扩展模块专用于读取或输出模拟量信号，其具体型号有 EM AE04、EM AE08、EM AE03、EM AQ02、EM AQ04 等。

下面以 S7-200 Smart 系列 PLC 的模拟量扩展模块 EM AM03 为例，介绍 PLC 模拟量输入接口的接线方式。如图 7.4 所示，该模块除了有电源接口，还有两对模拟量输入接口（0＋，0－）和（1＋，1－），其中各通道的"＋"接口接模拟量传感器的信号正，"－"接口则接信号负。

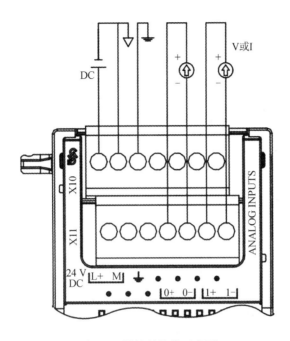

图 7.4　模拟量接线示意图

　　称重传感器与模拟量扩展模块之间的接线方式，根据称重传感器的类型分为四线制、三线制及两线制接线。四线制是指该传感器除了输出信号线（信号正和信号负）外，还有供电电源线（电源正和电源负），一共有四根接线；三线制是指信号负和电源负共线，保留了电源正和信号正，一共有三根接线；二线制是指电源线和信号线都共线，一共有两根接线。上述不同线制传感器与模拟量扩展模块的接线如图 7.5 所示。

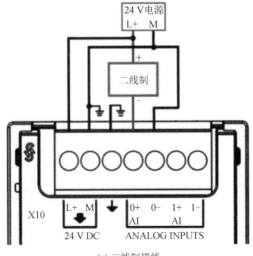

(a) 二线制接线

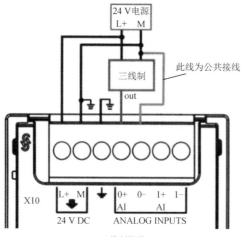

(b) 三线制接线

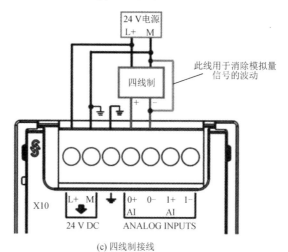

(c) 四线制接线

图 7.5　二、三、四线制传感器与模拟量扩展模块接线示意图

此外,若不使用模拟量输入通道,则需要将相应的接口短接(如图 7.6 所示),以避免对其他通道造成干扰。

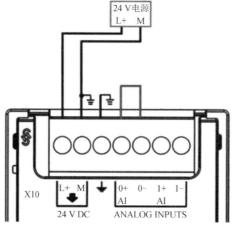

图 7.6　未使用模拟量输入通道的接线示意图

7.3　控制实践软件基础

7.3.1　PLC 编程基础

1. 硬件组态

由于模拟量扩展模块并不是 CPU 自带的，因此需要在系统块中进行组态。在相应的扩展插槽中选择实际所连接的扩展模块型号，如图 7.7 所示，选择"EM AM03(2AI/1AQ)"，这是一个两模拟量输入一模拟量输出的扩展模块。

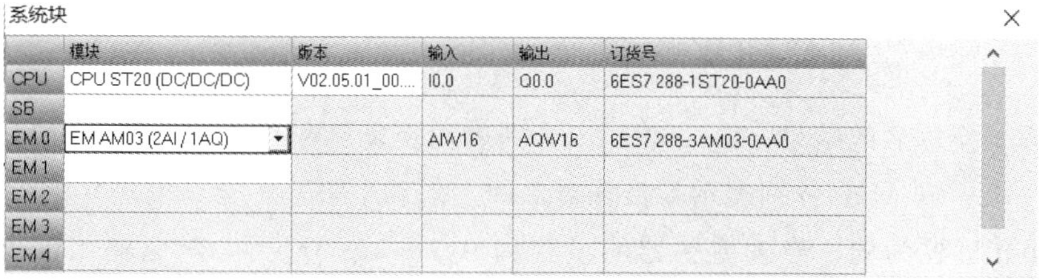

图 7.7　模拟量扩展模块组态示意图

选定好相应模块后，可以看到在"输入"和"输出"栏中出现了"AIW16"和"AQW16"，这是模拟量通道经过模/数转换后的存储地址，其中 AI/AQ 表示模拟输入/输出，W 表示该地址可存储的数据类型是 16 位整型数，最大可存储的数值是 2^{16}。

选择好相应模块后，需要进一步设置通道参数。如图 7.8 所示，以通道 0（AIW16）为

图 7.8　模拟量通道参数设定示意图

例，需要选择模拟量类型（电压、电流）以及相应的范围，其中电压范围有＋/－2.5 V、＋/－5 V 和＋/－10 V，电流范围是 0～20 mA，模拟量转换后的数值范围是－27 648～27 648。即若选择"电压"类型，"范围"为"＋/－5 V"，则－5 V 对应的是－27 648，＋5 V 对应的是 27 648，呈现线性对应关系，其他电压范围也是如此。但电流范围相对特殊，其对应的数值范围是 0～27 648。

2. 模拟量换算

模拟量输入模块接收到的电压或电流信号，需经模/数转换后，才能用于 PLC 的后续运算，因此外部模拟量和 PLC 内部数值之间存在一定的对应关系。

实际上模拟量的输入/输出都可以用以下通用换算公式进行换算：

$$S_t = \left[\frac{(S_{max} - S_{min})(M_t - M_{min})}{M_{max} - M_{min}} \right] + S_{min}$$

式中：S_t 表示换算后的结果；S_{max} 和 S_{min} 分别表示换算结果的上限和下限；M_t 表示需换算的数值；M_{max} 和 M_{min} 分别表示需换算对象的上限和下限。

以称重传感器为例，若该传感器的量程为 0～2 kg（M_{max}），对应输出的电流为 4～20 mA，PLC 中对应的数值范围为 5530～27 648（S_{min}～S_{max}），则当质量是 1.5 kg（M_t）时，利用上述换算公式，得到对应的数值是 21 984（S_t），再根据数字量与电流值的线性关系，可求得对应的电流值为 16 mA。

3. 数学运算指令

要在 S7-200 Smart 系列 PLC 中实现上述换算关系，必须调用相应的数学运算指令。常用的数学运算指令如表 7.2 所示。

表 7.2　常用的数学运算指令

指令名称	指令符号	说　　明
加法指令	ADD_I EN　ENO IN1　OUT IN2	整数加法指令将两个 16 位整数相加，得到一个 16 位整数。双精度整数加法指令将两个 32 位整数相加，得到一个 32 位整数。实数加法指令将两个 32 位实数相加，得到一个 32 位实数
减法指令	SUB_I EN　ENO IN1　OUT IN2	整数减法指令将两个 16 位整数相减，得到一个 16 位整数。双精度整数减法指令将两个 32 位整数相减，得到一个 32 位整数。实数减法指令将两个 32 位实数相减，得到一个 32 位实数
乘法指令	MUL_I EN　ENO IN1　OUT IN2	整数乘法指令将两个 16 位整数相乘，得到一个 16 位整数。双精度整数乘法指令将两个 32 位整数相乘，得到一个 32 位整数。实数乘法指令将两个 32 位实数相乘，得到一个 32 位实数

续表

指令名称	指令符号	说　　明
除法指令	DIV_I EN　　ENO IN1　　OUT IN2	整数除法指令将两个 16 位整数相除，得到一个 16 位整数（不保留余数）。双精度整数除法指令将两个 32 位整数相除，得到一个 32 位整数（不保留余数）。实数除法指令将两个 32 位实数相除，得到一个 32 位实数

4. 数据传送指令

如图 7.9 所示，数据传送指令用于各个编程元件之间的数据传送，数据从输入（IN）端传送到输出（OUT）端，传送过程中不改变源地址中数据的值。数据传送指令每次传送一个数据。传送数据的类型有字节（B，Byte）、字（W，Word）、双字（DW，Double Word）和实数（R，Real）。

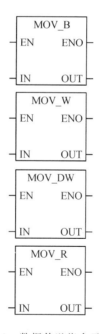

图 7.9　数据传送指令示意图

7.3.2　PLC 编程实现

1. 两个 16 位整数相加的实例

如图 7.10 所示，当触点 M0.0 接通时，执行两个 16 位整数加法指令，相加后的结果置入地址 VW10 中。实际运行效果如图 7.11 所示。

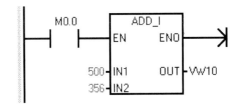

图 7.10　16 位整数加法指令示意图

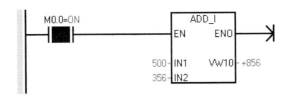

图 7.11　16 位整数加法指令运行示意图

　　将上述程序更换为如图 7.12 所示的编写方式，能达到同样的效果。当触点 M0.0 接通时，将整数先传送到地址 VW0 和 VW5 中，再执行两个地址所存储数值的相加计算，结果置入地址 VW10 中。

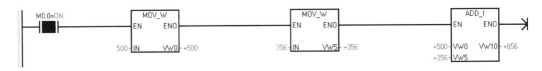

图 7.12　加法指令示意图

2. 两个 32 位整数相加的实例

　　如图 7.13 所示，当触点 M0.0 接通时，执行两个 32 位整数加法指令，存储在地址 VD10 和 VD20 中的数值相加后，结果置入地址 VD30 中。

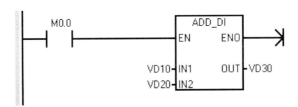

图 7.13　32 位整数加法指令示意图

　　注意，若地址中存储的是 16 位整数（如图 7.14 所示），则可以先通过转换指令将 16 位整数转换为 32 位整数，再参与相加计算。

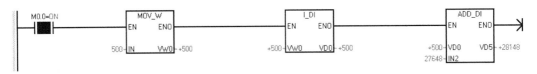

图 7.14　16 位整数转换为 32 位整数示意图

特别地，如图 7.15 所示，当参与计算的数据超过加法指令的数据位数时，指令框会变为红色，说明所存储的数据溢出或参与运算的数据类型不统一，此时需要通过位数转换指令，将数据类型从 16 位转换为 32 位。

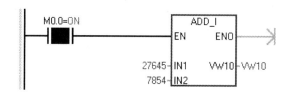

图 7.15　16 位加法指令运行示意图

3. 两个 32 位整数相减的实例

如图 7.16 所示，当触点 M0.0 接通时，执行两个 32 位整数减法指令，相减后的结果置入地址 VD30 中。需注意的是，VD30 中存储的结果是 VD10 中的数据减去 VD20 中的数据。

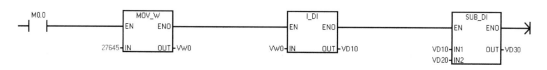

图 7.16　32 位减法指令运行示意图

乘法和除法的编程方法与加减法的类似，需要注意的是数据类型和除法中除数与被除数的顺序问题。

思 考 题 7

根据本章的相关知识，设计合理的逻辑程序，使该程序可读取压在称重传感器上重物的质量。已知称重传感器的量程为 0～20 kg，输出的模拟量信号为 4～20 mA，并描述硬件是如何接线的。

评分标准：

(1) 能监测到模拟量转换后的数值(70 分)；

(2) 实现质量的换算(20 分)；

(3) 硬件接线描述正确(10 分)。

称重传感器实践演示

第8章　PLC 逻辑控制——编码器计数控制电气实践

【学习目标】

(1) 了解编码器的分类及选型方法。

(2) 了解编码器与 PLC 的接线原理及高速计数指令的使用方法。

(3) 掌握不同高速计数方式下的接线方法及高速计数程序编写方法。

(4) 能创新设计编码器的 PLC 计数程序，并能运用 PLC 高速计数程序解决实践问题。

【本章导读】

本章主要介绍 S7-200 Smart 系列 PLC 的典型控制实例——编码器计数控制，使读者进一步了解 PLC 高速计数的工作方式及实际应用等内容。本章以逻辑控制的高速计数指令使用方法以及编码器接线为基础，提供了编码器计数的 PLC 控制实例，读者需要结合控制实例及利用相关控制指令实现基本逻辑控制。

8.1　编码器计数控制的典型应用

编码器产生的信号可由数控装置(CNC)、可编程逻辑控制器(PLC)、控制系统等来处理，因此编码器主要用于机床、电机反馈系统以及测量和控制设备中。如图 8.1 所示，高精度的数控加工中心的控制器通过编码器的反馈，可以实时感知机床各运动轴的角位移，并进行修正和调节，从而实现具有复杂曲面的构件的加工。

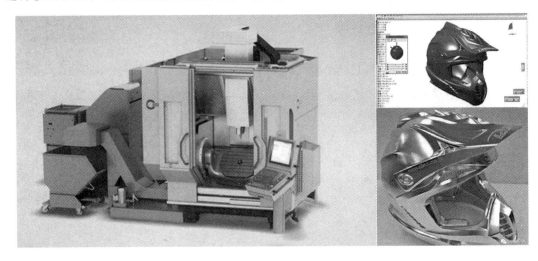

图 8.1　编码器计数控制的典型应用

8.2　控制实践硬件基础

8.2.1　总体控制方案

编码器计数控制的总体方案如图 8.2 所示，其包括三相交流电机、PLC、旋转编码器、指示灯和直流电源。直流电源负责给 PLC 及旋转编码器供电，三相交流电机由 PLC 控制继电器-接触器实现启动和停止。三相交流电机启动后，带动旋转编码器转动，从而产生脉冲。当脉冲的个数等于预设值时，PLC 通过数字量输出模块点亮指示灯。

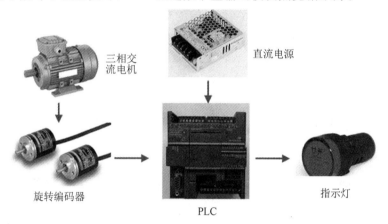

图 8.2　编码器计数控制的总体方案示意图

8.2.2　编码器

1.编码器的分类

这里主要介绍光电旋转编码器的分类。光电旋转编码器是一种将机械角位移变换成电脉冲信号的装置，是电气控制系统中常用的位置、速度检测元件。光电旋转编码器根据位置信号反馈方式的不同，可分为增量式旋转编码器和绝对式旋转编码器，其实物图如图 8.3 所示。增

(a) 增量式旋转编码器

(b) 绝对式旋转编码器

图 8.3　光电旋转编码器实物图

量式旋转编码器是通过检测输出的脉冲数来反馈角位移的；而绝对式旋转编码器是通过绝对编码来反馈角位移的，在使用时不需要复位原点。

1）增量式旋转编码器

增量式旋转编码器直接利用光电转换原理（其内部光栅码盘如图 8.4（a）所示，码盘上的白点为透光区，其他为不透光区）输出三组方波脉冲 A 相、B 相和 Z 相；A、B 两组脉冲相位差 90°，从而可方便地判断出旋转方向，而 Z 相为"每转脉冲"，用于基准点定位。该编码器的优点是构造简单，机械平均寿命为几万小时，抗干扰能力强，可靠性高，适合于长距离传输；缺点是无法输出轴转动的绝对位置信息。

2）绝对式旋转编码器

绝对式旋转编码器是直接输出数字信号的传感器，其光栅码盘如图 8.4（b）所示（码盘上的白点为透光区，其他为不透光区）。在圆形码盘上沿径向有若干同心码盘，码盘上有多条码道，每条码道由透光和不透光的扇形区相间组成（如图 8.4（c）所示），相邻码道的扇区数目是双倍关系，码盘上的码道数是二进制数码的位数。码盘的一侧是光源，另一侧对应每一码道有一光敏元件，当码盘处于不同位置时，各光敏元件根据受光照与否转换出相应的电平信号，形成二进制数，如图 8.4（d）所示。这种编码器的特点是不要计数器，即在转轴的任意位置都可读出一个固定的与位置相对应的数字码。

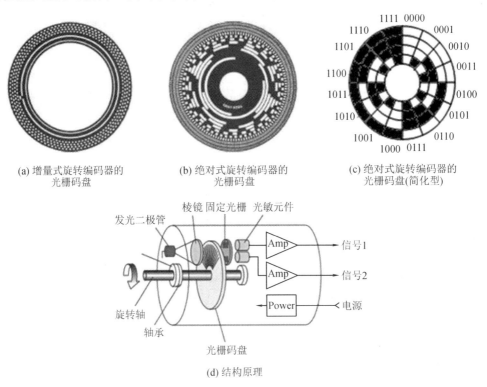

(a) 增量式旋转编码器的光栅码盘　　(b) 绝对式旋转编码器的光栅码盘　　(c) 绝对式旋转编码器的光栅码盘(简化型)

(d) 结构原理

图 8.4　光电旋转编码器结构示意图

2. 编码器选型

光电旋转编码器的种类繁多，这里结合相关工程实际应用，以常用的日本欧姆龙（OMRON）公司的光电旋转编码器产品为例，介绍编码器的选型方法。如表 8.1 所示，该编码器选型参数主要有型号标识(如"E6B2-CWZ")、接口输出形式(如"6C",NPN 形式)、分辨率(如"10P/R")、标准电缆长度(如"0.5M")等。具体光电旋转编码器选型请以生产商的产品样本为准。

表 8.1　编码器选型参数示例

电源电压	输出形式	分辨率(脉冲/旋转)	型　号
DC 5～24 V	集电极开路输出(NPN 输出)	10、20、30、40、50、60、100、200、300、360、400、500、600	E6B2-CWZ6C(分辨率) 0.5M 例:E6B2-CWZ6C 10P/R 0.5M
		720、800、1000、1024	
		1200、1500、1800、2000	
DC 12～24 V	集电极开路输出(PNP 输出)	100、200、360、500、600	E6B2-CWZ5B(分辨率) 0.5M 例:E6B2-CWZ5B 100P/R 0.5M
		1000	
		2000	
DC 5～12 V	电压输出	10、20、30、40、50、60、100、200、300、360、400、500、600	E6B2-CWZ3E(分辨率) 0.5M 例:E6B2-CWZ3E 10P/R 0.5M
		1000	
		1200、1500、1800、2000	
DC 12～24 V	互补输出	10、20、30、40、50、60、100、200、300、360、400、500、600	E6B2-CWZ5G(分辨率) 0.5M 例:E6B2-CWZ5G 10P/R 0.5M
		720、800、1000、1024	
		1200、1500、1800、2000、3600	
DC 5 V	线性驱动器输出	10、20、30、40、50、60、100、200、300、360、400、500、600	E6B2-CWZ1X(分辨率) 0.5M 例:E6B2-CWZ1X 10P/R 0.5M
		1000、1024	
		1200、1500、1800、2000	

实际上,编码器选型主要关注输出形式和分辨率两个关键部分。

输出形式通常有 NPN 输出、PNP 输出、电压输出、互补输出和线性驱动输出。其中:NPN 和 PNP 输出是指以输出电路的晶体管发射极作为公共端,集电极悬空的输出形式,这种输出形式较为常用,其输出的高电平通常为 5 V、12 V、24 V;电压输出是指在集电极开路输出的电路基础上,在电源和集电极之间接一个上拉电阻,使得集电极和电源之间能有一个稳定的电压状态,这个电压通常只有 5 V;互补输出是指输出上具备 NPN 和 PNP 两种输出晶体管的输出形式,根据输出信号的高低电平,两个输出晶体管交互进行[ON]、[OFF]动作,比集电极开路输出的电路传输距离稍远;线性驱动输出是指采用 RS-422 标准,将 AM26LS31 芯片应用于高速、长距离数据传输的输出形式,其信号以差分形式输出,因此线性驱动输出类型的编码器抗干扰能力更强,但输出信号需用能够接收线性驱动输出的设备来接收。

分辨率的本质是旋转编码器每转一周所输出的脉冲数。分辨率越高,反馈的精度也越高。

8.2.3 控制电路接线

1. 编码器与输入模块接线

由于旋转编码器发出的是高频脉冲，因此需要通过高速计数器来记录脉冲个数。S7-200 Smart 系列 PLC 通常有 6 个高速计数器（HSC0～HSC5），各高速计数器所对应的数字量输入接口如表 8.2 所示。

表 8.2　S7-200 Smart 系列 PLC 中高速计数器及其对应数字量输入接口

高速计数器	对应数字量输入接口		
HSC0	I0.0	I0.1	I0.4
HSC1	I0.1	—	—
HSC2	I0.2	I0.3	I0.5
HSC3	I0.3	—	—
HSC4	I0.6	I0.7	I1.2
HSC5	I1.0	I1.1	I1.3

其中，HSC0 和 HSC1 不能同时工作，HSC2 和 HSC3 也不能同时工作。若采用 A/B 相脉冲计数，则以高速计数器 HSC0 为例，编码器的 A 相信号线接入 I0.0，B 相信号线接入 I0.1，再在 I0.4 处接入一个复位按钮，即可实现编码器计数清零。以高速计数器 HSC1 为例，若采用单相脉冲计数，则将编码器的 A/B 相任一信号线接入 I0.1 即可。

2. PLC 输入模块的公共端接线

不同类型编码器的信号线与 PLC 输入接口的接法并没有区别，但公共端所接的电源极性需根据编码器类型来区分。

若是 NPN 型编码器，且编码器供电电压与 PLC 电源电压不同，则具体接线方式为：编码器的正负极与直流电源的正负极一一对应相接，PLC 输入模块的公共端接入直流电源的正极。

若是 PNP 型编码器，则具体接线方式为：编码器的正负极与直流电源的正负极一一对应相接，PLC 输入模块的公共端接入直流电源的负极。

8.3　控制实践软件基础

8.3.1　高速计数器指令

高速计数器主要针对频率较高的脉冲，可以使用 HDEF 和 HSC 指令来编程，也可以通过高速计数器向导简化编程过程。

1. HDEF 指令

图 8.5 所示为高速计数器定义（HDEF）指令。该指令用于为指定的高速计数器（HSC0

～HSC5)分配工作模式。具体的工作模式及说明如表 8.3 所示。图 8.5 中：EN 为使能引脚，当其接通时，执行分配任务；HSC 引脚用于指定计数器号；MODE 引脚用于指定模式号。

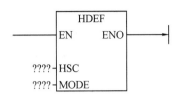

图 8.5　高速计数器定义指令

表 8.3　高速计数器的工作模式及说明

	描　述	涉及的输入点			
模式	HSC0	I0.0	I0.1	I0.2	—
	HSC1	I0.6	I0.7	I1.0	I1.1
	HSC2	I1.2	I1.3	I1.4	I1.5
	HSC3	I0.1	—		
	HSC4	I0.3	I0.4	I0.5	—
	HSC5	I0.4	—		
0	带内部方向控制的单相计数器	时钟	—		
1		时钟	—	复位	—
2		时钟	—	复位	启动
3	带外部方向控制的单相计数器	时钟	方向	—	
4		时钟	方向	复位	—
5		时钟	方向	复位	启动
6	带增减计数时钟的双相计数器	增时钟	减时钟	—	
7		增时钟	减时钟	复位	
8		增时钟	减时钟	复位	启动
9	带 A/B 相正交计数器	时钟 A	时钟 B	—	
10		时钟 A	时钟 B	复位	
11		时钟 A	时钟 B	复位	启动
12	只有 HSC0 和 HSC3 支持。HSC0 计数，Q0.0 输出脉冲数；HSC3 计数，Q0.1 输出脉冲数	—	—	—	—

2. HSC 指令

图 8.6 所示为高速计数器(HSC)指令。该指令根据 HSC 特殊存储器位的状态，组态和控制高速计数器，其中 N 引脚用于指定高速计数器号。高速计数器最多可组态为 8 种不同的工作模式，每个计数器都有专用于时钟、方向控制、复位的输入，这些功能均受支持。在

A/B 正交相，可以选择一倍(1×)或四倍(4×)的最高计数速率。所有计数器均以最高速率运行，互不扰。而与高速计数相关的特殊存储器主要有 SMB36～SMB45(HSC0)、SMB46～SMB55(HSC1)、SMB56～SMB65(HSC2)、SMB136～SMB145(HSC3)、SMB146～SMB155(HSC4)、SMB156～SMB165(HSC5)。

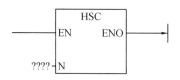

图 8.6　高速计数器指令

以 HSC0 为例，各特殊存储器的功能如表 8.4 所示。

表 8.4　HSC0 中各特殊存储器的功能

HSC0		控制位
SMB37	SM37.0	HSC0 复位的有效电平控制： 0 表示高电平复位； 1 表示低电平复位
	SM37.1	保留
	SM37.2	HSC0 正交计数器的计数速率选择： 0 表示 4× 计数速率； 1 表示 1× 计数速率
	SM37.3	HSC0 方向控制： 1 表示加计数
	SM37.4	HSC0 更新方向： 1 表示更新
	SM37.5	HSC0 更新预设值： 1 表示将新预设值写入 HSC0
	SM37.6	HSC0 更新当前值： 1 表示将新当前值写入 HSC0
	SM37.7	HSC0 使能： 1 表示启用
SMD38		HSC0 新的当前值。 SMD38 用于将 HSC0 的当前值设置为用户所选择的任何值。更新当前值的方法是：将新的当前值写入 SMD38，将 1 写入 SM37.6，并执行 HSC 指令，该指令即将新的当前值写入 HSC0 的当前计数寄存器中
SMD42		HSC0 新的预设值。 SMD42 用于将 HSC0 的预设值设置为用户所选择的任何值。更新预设值的方法是：将新的预设值写入 SMD42，将 1 写入 SM37.5，并执行 HSC 指令，该指令即将新的预设值写入 HSC0 的预设寄存器中

8.3.2　中断事件

高速计数指令与第 6 章中介绍的计数器指令最大的区别在于,当高速计数器所采集的脉冲数等于预设值时,PLC 程序不是去改变计数器的逻辑状态,而是触发中断事件。

正常状态下,PLC 程序是按从上到下的顺序扫描且循环工作的。但出现紧急情况时,上述扫描方式可能会因未及时响应而无法执行相应的动作。因此,在正常的程序以外,PLC 提供了中断程序,用来处理特定的中断事件。只要发生中断事件,PLC 中正常的扫描周期即被打断,自动跳转到中断程序中,直至执行完中断程序,且中断事件恢复正常后,才会跳转回原有的周期流程中。

S7-200 Smart 系列 PLC 中的中断事件及对应的事件号如表 8.5 所示。

表 8.5　中断事件及对应的事件号

事件	说　明
0	I0.0 上升沿
1	I0.0 下降沿
2	I0.1 上升沿
3	I0.1 下降沿
4	I0.2 上升沿
5	I0.2 下降沿
6	I0.3 上升沿
7	I0.3 下降沿
8	端口 0 接收字符
9	端口 0 发送完成
10	定时中断 0(SMB34 控制时间间隔)
11	定时中断 1(SMB35 控制时间间隔)
12	HSC0 CV＝PV(当前值 ＝ 预设值)
13	HSC1 CV＝PV(当前值 ＝ 预设值)
14、15	保留
16	HSC2 CV＝PV(当前值 ＝ 预设值)
17	HSC2 方向改变
18	HSC2 外部复位
19	PTO0 脉冲计数完成中断
20	PTO1 脉冲计数完成中断
21	定时器 T32 CT＝PT(当前时间 ＝ 预设时间)
22	定时器 T96 CT＝PT(当前时间 ＝ 预设时间)

续表

事件	说　明
23	端口 0 接收消息完成
24	端口 1 接收消息完成
25	端口 1 接收字符
26	端口 1 发送完成
27	HSC0 方向改变
28	HSC0 外部复位
29	HSC4 CV＝PV
30	HSC4 方向改变
31	HSC4 外部复位
32	HSC3 CV＝PV(当前值 ＝ 预设值)
33	HSC5 CV＝PV
34	PTO2 脉冲计数完成中断
35	I7.0 上升沿(信号板)
36	I7.0 下降沿(信号板)
37	I7.1 上升沿(信号板)
38	I7.1 下降沿(信号板)
43	HSC5 方向改变
44	HSC5 外部复位

在 S7-200 Smart 系列 PLC 中，要连接中断程序，需使用如图 8.7 所示的中断指令。ATCH 指令是中断连接指令，负责将中断事件 EVNT 与中断例程编号 INT 相关联，并启用中断事件，引脚 INT 连接的是中断子程序的名字，引脚 EVNT 连接的是事件号。DTCH 指令是中断分离指令，用于解除中断事件 EVNT 与所有中断例程的关联，并禁用中断事件。

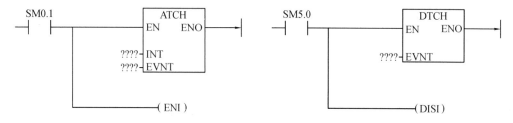

图 8.7　中断连接指令及中断分离指令示意图

8.3.3　PLC 编程实现

在使用高速计数器前，需要对其进行初始化定义。假定使用的是计数器 HSC0，其计数模式为 0，写入新的当前值和新的预设值，将方向设置为加计数，将复位输入设置为高电平有效，对照表 8.4，可知 SMB37＝16♯F8，进一步将预设值 100 000 加载到 SMD42，将当前值 0 加载到 SMD38，当脉冲的当前值等于预设值时，触发中断事件 12，则实际程序如图 8.8 所示。

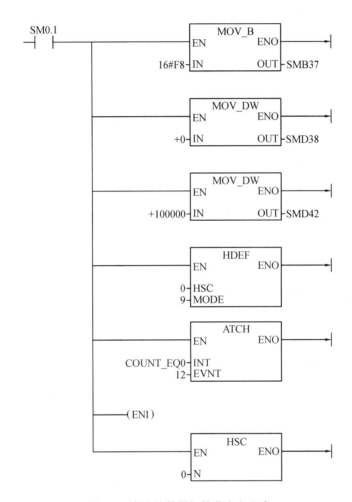

图 8.8　高速计数器初始化定义程序

注意：若要实时监控高速计数器所采集的脉冲数，可通过状态图表监控寄存器 HC0 中的数值，其中所存放的数据即高速计数器 HSC0 采集到的脉冲数。

但采用上述编程方式，不仅需要记忆各控制地址，且编程方式也较为复杂，对于初学者来说，通过向导来实现可能更为简单直接。具体实施步骤如下：

（1）在"工具"选项卡中，选择"高速计数器"向导，如图 8.9 所示。

（2）如图 8.10 所示，选择要组态的计数器。在选择时要注意和硬件接线应对应，可参考表 8.2 进行核对。特别要注意其中有两对计数器的通道是不能复用的（HSC0 和 HSC1，

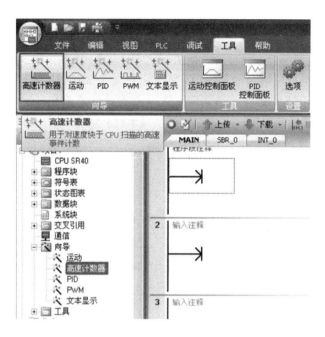

图 8.9 "工具"选项卡

HSC2 和 HSC3）。

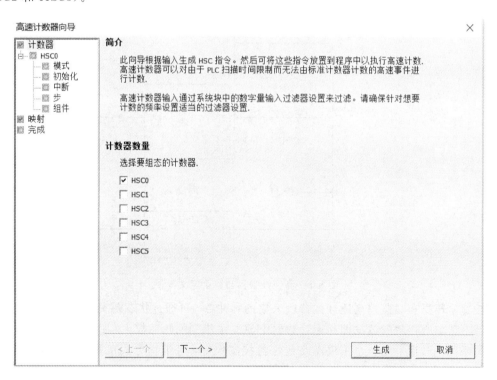

图 8.10 选择要组态的计数器

（3）如图 8.11 所示，选择计数模式。选择时可参考表 8.3。对于常规增量式编码器来说，通常会选择模式 9，即采用 A/B 相正交计数，通过判断 A/B 相脉冲的相位实现增减计数。

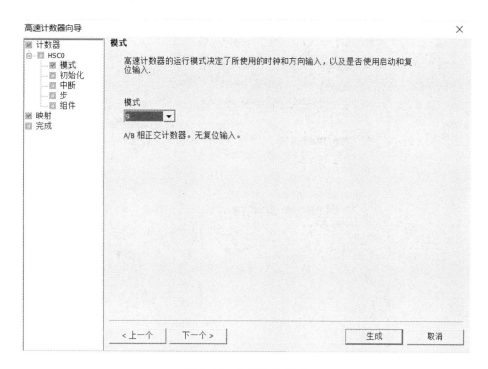

图 8.11　选择计数模式

（4）如图 8.12 所示，设置计数的预设值（PV 值）。

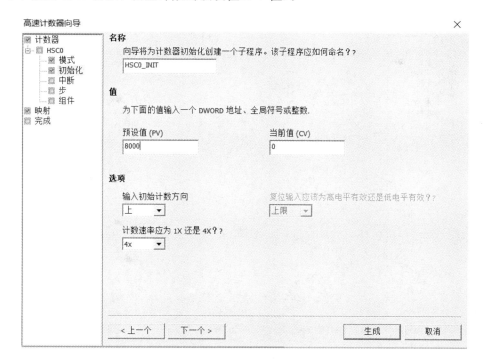

图 8.12　设置计数的预设值

（5）如图 8.13 所示，设置中断子程序。高速计数器的计数值达到预设值时，会自动触发中断事件，且不同的高速计数器所触发的中断事件号是不一样的，可参考表 8.5。

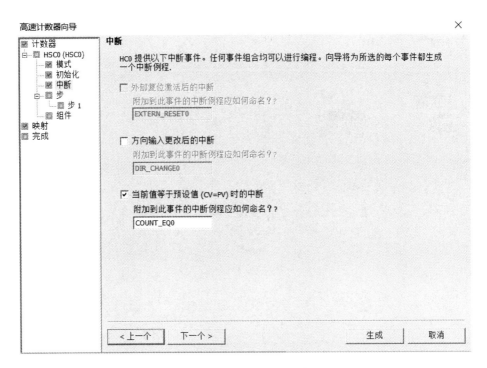

图 8.13　设置中断子程序

（6）如图 8.14 所示，在中断事件中设置执行步。

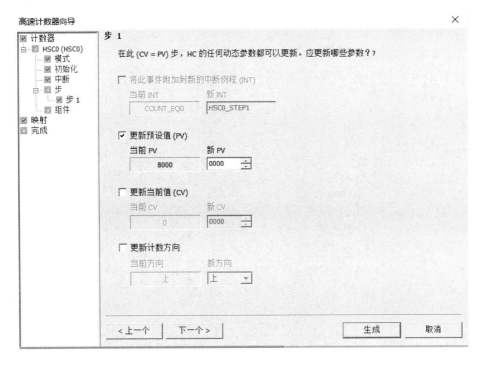

图 8.14　在中断事件中设置执行步

（7）如图 8.15 所示，生成程序模块。

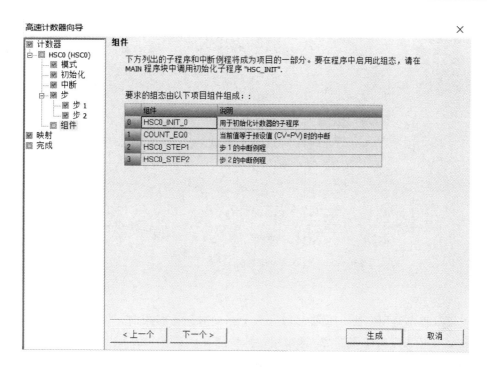

图 8.15　生成程序模块

（8）如图 8.16 和图 8.17 所示，确认硬件接口，并设定采样频率。其中，采样频率的设定是通过更改硬件组态中数字量输入处的过滤周期实现的。

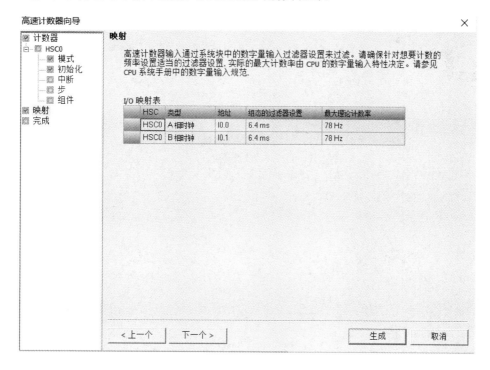

图 8.16　确认硬件接口

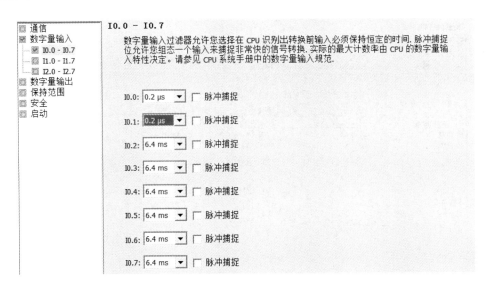

图 8.17　设定采样频率

（9）提示程序调用方法。如图 8.18 所示，当向导组态结束时，则显示生成界面，其中会出现初始化子程序的使用方法，即采用特殊功能寄存器 SM0.1 或上升沿触发指令确保每次程序运行时，该子程序被调用且只被调用一次。

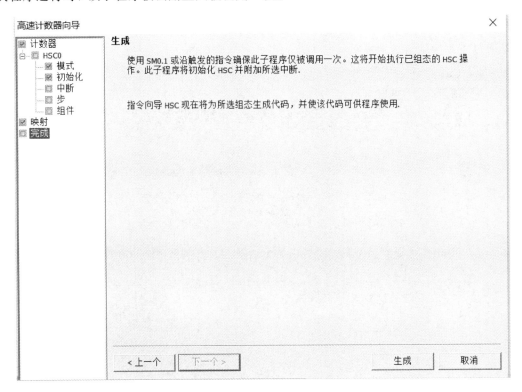

图 8.18　生成确认

此时，如图 8.19 所示，在程序块中，可以看到通过向导自动生成的初始化子程序和中断程序。

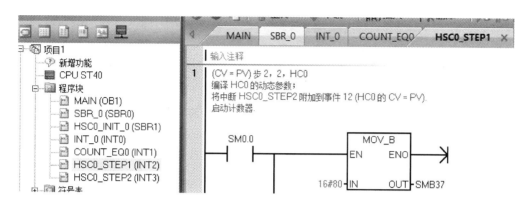

图 8.19　程序块

思 考 题 8

根据本章的相关知识，设计合理的逻辑程序，使该程序能够启动电机，编码器随着电机主轴旋转，当编码器发送的脉冲数为 10 000 时，触发中断，并在中断程序中点亮指示灯，并描述硬件是如何接线的。

编码器计数实践演示

评分标准：

(1) 能监测到脉冲数值(70 分)；

(2) 实现中断，点亮指示灯(20 分)；

(3) 硬件接线描述正确(10 分)。

第 9 章　PLC 运动控制——步进电机点动控制电气实践

【学习目标】

(1) 了解步进电机的类型、结构与工作原理，以及 PLC 脉冲输出指令（PLS）。

(2) 了解步进电机的选型方法和接线方法。

(3) 掌握 PTO 控制指令和步进电机点动控制方法。

(4) 能创新设计步进电机的 PTO 控制程序，并能运用 PTO 控制程序解决实践问题。

【本章导读】

本章主要介绍步进电机的工作原理及硬件接线、S7-200 Smart 系列 PLC 基本运动控制指令等，使读者初步掌握步进电机运动控制方法。本章以 PTO 指令和 PLC 高速脉冲输出口使用方法为基础，提供了步进电机点动的控制实例，读者需要结合控制实例及利用相关控制指令实现步进电机的点动控制。

9.1　步进电机点动控制的典型应用

如图 9.1 所示，步进电机常用于一些轻载高精度的自动化设备中，负责将控制器给出的指令信号转化为较为精确的角位移，当多轴步进电机同时运动时，可以实现较为复杂的空间动作。在实际应用中，步进电机往往会配合直线滑台、同步带等运动执行机构，实现更加复杂和精密的线性运动控制要求。

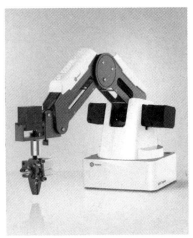

(a) 3D打印机　　　　　　　　　　　(b) 桌面式机械臂

图 9.1　步进电机的典型应用

步进电机的点动控制通常是在设备调试或示教模式时，用于微动调整相应驱动机构的运动精度。

9.2　控制实践硬件基础

9.2.1　步进电机

1. 步进电机的类型

在电气控制系统中，步进电机本质上是一种机电转换元件，但其较为特殊的原因在于步进电机是将电脉冲信号转变为固定的机械角位移或线位移。由于这类电机在控制原理上是以固定的角度一步一步运行，故称之为步进电机。当改变电脉冲信号的脉冲顺序、脉冲周期和脉冲个数时，可分别实现步进电机旋转方向、速度和角位移的精确控制。

步进电机根据内部结构的不同，通常可分为反应式（Variable Reluctance，VR）步进电机、永磁式（Permanent Magnet，PM）步进电机和混合式（Hybrid Stepping，HS）步进电机，如图 9.2 所示。

(a) 反应式步进电机　　　　　　(b) 永磁式步进电机　　　　　　(c) 混合式步进电机

图 9.2　步进电机的类型

1）反应式步进电机

反应式步进电机相对比较传统，它是依靠磁性转子和定子脉冲磁场相互作用而转动的。反应式步进电机通常具有较高的力矩转动惯量比，步进频率较高，频率响应较快，结构相对简单，使用寿命较长。

2）永磁式步进电机

永磁式步进电机的转子是永磁磁钢，永磁式步进电机通过转子和定子间同性相斥、异性相吸的原理而不断运转。永磁式步进电机的体积和转矩都相对较小，因此该步进电机多用于办公设备、摄影系统和 ATM 设备中。

3）混合式步进电机

混合式步进电机是综合了永磁式步进电机和反应式步进电机的优点而设计的，它既有反应式步进电机步距角小的特点，又有永磁式步进电机效率高、绕组电感较小的特点。混合式步进电机的转子本身具有磁性，因此混合式步进电机在同样的脉冲电流下产生的转矩要大于反应式步进电机，且步距角也相对较小，但其结构复杂、转子惯量大，在快速响应性方面要低于反应式步进电机。此外，混合式步进电机输出转矩大，转速较高，噪声相对较小，运行平稳，适合频繁启停的场合。

2. 步进电机的结构与工作原理

这里以三相反应式步进电机为例，详细介绍其内部结构与工作原理。

1）结构

如图 9.3(a)所示，三相反应式步进电机主要由定子和转子两大部分组成。

定子由铁芯和缠绕在铁芯上的励磁线圈（即定子绕组）组成，铁芯由冲制的硅钢片叠加而成，而定子绕组的个数代表了定子磁极个数。通常，两个相对的磁极组成一相，但这里的"相"与三相交流电机的"相"的含义是不同的。如图 9.3(b)所示的步进电机定子有 6 个磁极，共 A、B、C 三相。

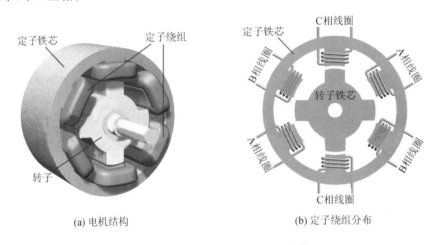

(a) 电机结构　　　　　　　　　　　(b) 定子绕组分布

图 9.3　三相反应式步进电机的结构

转子也是由冲制的硅钢片叠成或用软磁性材料做成的凸极结构，凸极的个数称为齿数。如图 9.3(a)所示，转子有 4 个均匀分布的齿，上面没有绕组。因此，当反应式步进电机不通电时，转子可以转动；而永磁式步进电机的转子部分主要由永磁体材料制成，当定子线圈不通电时，转子被磁力吸住，很难转动。

2）工作原理

步进电机实际上是利用转子的齿和定子的极间的磁吸力来拉动转子旋转的。

如图 9.4 所示，当 A 相线圈接收到电脉冲信号的高位后，A 相的两个磁极产生磁通，同时对转子的齿产生磁力，在磁力的牵引下转子开始逆时针转动，直至转子的齿与 A 相的两个磁极相对时停止转动。此时，A 相线圈的电脉冲信号处于低位的状态，A 相磁极的磁力消失，而 B 相线圈获得了电脉冲信号的高位，于是 B 相的两个磁极产生磁通，同时对转子的齿产生磁力，转子继续逆时针转动，直至转子的齿与 B 相的两个磁极相对时停止转动。

同理，A、B、C 相的电脉冲信号在高低位之间依次变化，上述过程不停地重复下去，转子就会不停地旋转，这就是步进电机的基本工作原理。

由上述工作原理可知，步进电机转动的本质原因在于转子的齿与定子的极的错位。

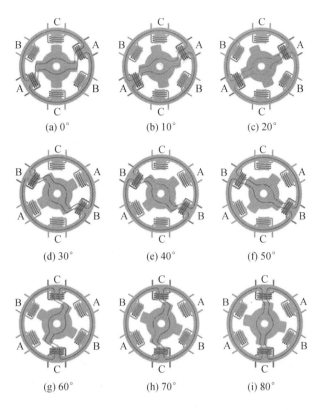

图 9.4　反应式步进电机的工作原理示意图

3. 步进电机的工作特性

由步进电机的工作原理可知，转子是跟随电脉冲信号而逐步转动的，转子每步转过的角度称为步距角。实际应用中的步进电机，其步距角多为 3° 或 1.5°，因为步距角越小，其控制的精度越高。如图 9.5 所示，为了产生较小的步距角，定子和转子往往都做成多齿的结构。

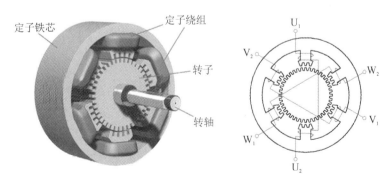

图 9.5　实际三相反应式步进电机结构图

转子的齿与齿之间的角度称为齿距角，其与步距角之间的关系如下所述。

假设转子的齿数为 z，则齿距角 τ 为

$$\tau = \frac{360°}{z}$$

因为每通电一次（即运行一拍），转子就转一步，故步距角 θ_b 为

$$\theta_b = \frac{\tau}{Km}$$

式中：m 为相数；K 为状态系数，相邻两次通电状态一致时 $K=1$，如单相或者双相轮流通电方式，相邻两次通电状态不一致时 $K=2$，如单双相轮流通电方式。对相同相数的步进电机既可以采用单相或双相通电方式，又可以采用单双相通电方式控制驱动。所以，同一台电机可有多个步距角。

根据步距角的定义，步进电机的转速 n 可表示为

$$n = \frac{\theta_b f}{360°} \times 60 = \frac{60}{Kmz} f$$

式中：n 的单位为 r/min；f 为电脉冲的频率。

综上所述，在负载能力范围内，步进电机转子的旋转速度正比于脉冲信号的频率，总位移量取决于总的脉冲个数，即控制输入脉冲的个数、频率和定子绕组的通电方式，就可控制步进电机的角位移量、旋转速度和旋转方向。

但当脉冲信号频率过高时，步进电机易出现失步（即电机运转的步数不等于理论上的步数，失步包括丢步和越步）现象，因此不适用于需高速运行的场合。

此外，当步进电机通电但没有转动时，定子锁住转子的力矩称作保持转矩，也称静力矩，它是步进电机最主要的性能指标之一。这个力矩的来源是：在外部负载作用下，当转子偏转一定角度时，定子与转子间会产生电磁吸力，这个吸力产生的转矩与负载转矩方向相反，从而使转子保持平衡，而最大的电磁转矩就被称为保持转矩。

实际上，步进电机的输出转矩随着转速的增大而不断衰减，因此只有低速时的输出转矩才接近保持转矩。对于启动来说也是如此，若外部负载较大，则启动时的电脉冲频率一般相对较低。若频率设置不当，则在步进电机加减速阶段或匀速运动阶段，根据外部负载的变化情况，很容易出现失步现象。

9.2.2　步进电机选型及接线

1. 步进电机选型

针对不同的应用场景，选择合适的步进电机尤为重要。步进电机的选型主要根据负载扭矩的需求，选型时可参阅相应品牌步进电机的选型手册。这里以某品牌的步进电机为例，其型号的命名图如图 9.6 所示，图中各标号的含义如表 9.1 所示。

图 9.6　步进电机型号命名图

表 9.1　各标号的含义

标号	含义	示　例
①	子系列名	空白：无特殊含义； D：比标准安装机座大的产品系列
②	机座号	电机安装尺寸代码（如：57 代表 57 机座）
③	电机相数	空白：两相混合式步进电机； 3：三相混合式步进电机
④	电机类型	CM：高性价比开环步进电机
⑤	电机转矩	除以 10 即为电机保持转矩（如：06 表示 0.6 N·m）
⑥	设计代号	—
⑦	电机电流	A：电流参数
⑧	标准定制代号	SZx（x 为数字）：双出轴型； BZx：抱闸型； FSx：防水型； 0：无特殊含义
⑨	常规定制代号	S：轴伸改动； L：引出线改动； F：轴伸带平台； N：光轴； K：轴伸带键槽； I：轴径更改； C：引出线带连接器； M：带同步轮
⑩	特殊应用代码	—

　　表 9.1 中：机座号代表电机的安装尺寸，实际上也代表步进电机外形的大小，因此安装空间有限时，可以优先考虑较小的机座号；电机转矩代表保持转矩，若外部负载大于此数值，则电机是无法旋转的，因此若外部负载较大且又追求一定的旋转速度，则应选择保持转矩较大的电机；标准定制代号里的双出轴型步进电机，除正常带动负载旋转的轴外，在电机的另一端会延伸出另一根轴，实际上它们是同一根轴，只是长度超过了电机的长度，通常在另一端安装编码器、刹车等配件，有时用于同时带动两个较轻的负载进行转动。

　　保持转矩是步进电机选型时的重要参考指标，某品牌步进电机不同的机座号对应的保持转矩如表 9.2 所示。

表 9.2 不同的机座号对应的保持转矩

机座号	标准型	保持转矩/N·m	机身长/mm
20	20CM003	0.03	33
	20CM005	0.05	45
28	28CM006	0.06	32
	28CM010	0.1	41
	28CM013	0.13	51
35	35CM015	0.15	31
	35CM04	0.4	47
42	42CM02	0.2	33
	42CM04	0.4	40
	42CM06	0.6	47
	42CM08	0.8	60
	42CM06-1A	0.6	47
	42CM08-1A	0.8	60
57	57CM06	0.6	41
	57CM13	1.3	56
	57CM23	2.3	76
	57CM23-4A	2.3	76
	57CM26	2.6	84
	57CM26-4A	2.6	84
D57	D57CM21	2.1	67
	D57CM21-4A	2.1	67
	D57CM31	3.1	88
	D57CM31-4A	3.1	88
57X	57CM12X	1.2	56
	57CM21X	2.1	76
	57CM22X	2.2	80
60X	60CM22X	2.2	67
	60CM30X	3.0	85

续表

机座号	标准型	保持转矩/N·m	机身长/mm
86	86CM35	3.5	66
	86CM45	4.5	80
	86CM80	8.0	98
	86CM85	8.5	118
	86CM120	12	129
110	110CM12	12	115
	110CM20	20	150
	110CM28	28	201

　　步进电机不能直接接到交/直流电源上工作，必须通过专用的驱动器来产生电脉冲信号，从而驱动电机旋转。步进电机驱动器的外观如图 9.7 所示。驱动器各接口的功能如表 9.3 所示。步进电机驱动器主要通过调节输入驱动器的脉冲频率以及驱动器的细分参数来达到调节步进电机转速的目的，其实质是控制单位时间内步进电机的步数。

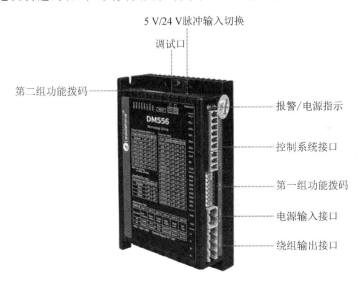

图 9.7　步进电机驱动器的外观

表 9.3　驱动器各接口的功能

接口	功　能	示　例
第一组功能拨码	电流及细分设定	SW1～SW3：动态电流设定； SW4：全/半流/自整定； SW5～SW8：细分精度设定
调试口	RS-232 调试口	—
第二组功能拨码	5 V/24 V 脉冲输入拨码切换	—

续表

接　口	功　能	示　　　例
控制系统接口	控制信号接口和抱闸、报警输出	PUL＋：脉冲输入信号正端； PUL－：脉冲输入信号负端； DIR＋：方向输入信号正端； DIR－：方向输入信号负端； ENA＋：使能输入信号正端； ENA－：使能输入信号负端； ALM＋：报警输出信号正端； BR＋：刹车输出信号正端； COM：输出公共端
电源输入接口	直流或交流输入	＋VDC：直流电源正； GND：直流电源负； AC：交流电源
绕组输出接口	电机动力线接口	A＋：电机绕组 A 相驱动输出正端； A－：电机绕组 A 相驱动输出负端； B＋：电机绕组 B 相驱动输出正端； B－：电机绕组 B 相驱动输出负端
报警/电源指示	LED 指示灯	电源指示 PWR：当驱动器接通电源时，该绿色指示灯常亮； 故障指示 ALM：红色指示灯周期闪烁指示不同的故障，当驱动器发生故障时，需要排除故障后，才能重新上电

　　某品牌步进电机驱动器型号命名图如图 9.8 所示，图中各标号的含义如表 9.4 所示。

图 9.8　步进电机驱动器型号命名图

表 9.4　各标号的含义

标　号	含　义	示　　　例
①	相数	空白：两相； 3：三相
②	系列名	DM：数字式步进驱动系列
③	电源	空白：直流输入； A：交流输入
④	驱动器最大工作电压	5：乘以 10 表示电压为 50 V
⑤	驱动器最大电流	56：除以 10 表示电流最大值为 5.6 A

续表

标号	含　义	示　例
⑥	是否无铅	空白：非无铅产品； PbF：无铅产品
⑦	设计变更代码	—

2. 步进电机接线

如图 9.9 所示，两相步进电机一般有四根接线，分别是 A＋、A－、B＋、B－，常用颜色进行区分。各品牌步进电机不同型号间的颜色标识可能有所区别，以其说明手册为准。某品牌步进电机接线和颜色的对应关系如表 9.5 所示。

表 9.5　某品牌步进电机接线和颜色的对应关系

型号	颜　色	绕　组
42 两相	黑	A＋
	绿	A－
	红	B＋
	蓝	B－
57 两相	黑	A＋
	绿	A－
	红	B＋
	蓝	B－
86 两相	黑	A＋
	红	A－
	黄	B＋
	蓝	B－

前文已提及，步进电机不能直接接入交/直流电源，通常是与驱动器相连，其连接方式是各相接线一一对应。而驱动器与控制器的接线方式则有共阳极接法和差分接法两种。

如图 9.9 所示，其中共阳极接法是将驱动器上的 DIR＋、PUL＋和 ENA＋接口都接到电源正极，而将 DIR－、PUL－和 ENA－接口分别接到控制器的数字量输出接口上。需要注意的是，控制器数字量输出接口形式是 NPN 型，即输出低电平有效时，才能采用共阳极接法。若控制器数字量输出接口形式是 PNP 型，即输出高电平有效，则步进电机驱动器需采用共阴极接法，即将 DIR－、PUL－和 ENA－接口都接到电源负极，而将 DIR＋、PUL＋和 ENA＋接口分别接到控制器的数字量输出接口上。

另外，实际应用中，ENA＋和 ENA－常常不接，步进电机也能正常运转，但当步进电机需要在通电状态下手动调整时，必须接入使能接口，从而使电机转轴能自由转动。

驱动器的差分接法是指控制器的脉冲差分信号正、负极分别与 PUL＋和 PUL－相连，方向差分信号正、负极分别与 DIR＋和 DIR－相连。但小型化 PLC 通常以共阳极接法为主。

当采用共阳极接法时，若 VCC 为 24 V DC，则需串接 2 kΩ 的电阻；当采用差分接法时，则无须串接电阻，且此时电脉冲的电压为 5 V。由于差分接法是比较两信号间的差值，因此其抗外界干扰的能力较强，能有效抵消对外辐射的电磁场的影响。但 PLC 一般无法直接发出差分信号，必须通过集电极转差分模块才能输出有效的差分信号。

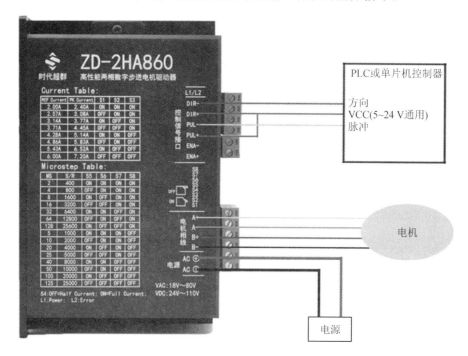

(a) 步进电机驱动器实物接线示意图

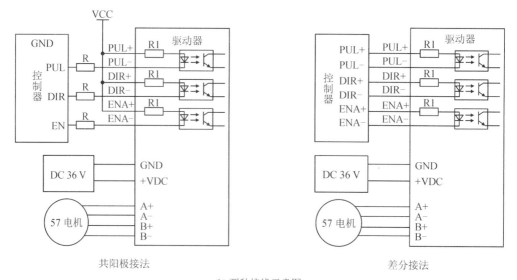

共阳极接法　　　　　　　　　　　　　　　差分接法

(b) 两种接线示意图

图 9.9　步进电机接线示意图

3. PLC 接线

为了有效控制步进电机运转，控制器必须输出高速脉冲，但并不是所有的 PLC 数字量输出接口都能输出高速脉冲。特别注意：不能使用输出接口是继电器型的 PLC，只能使用晶体管型的 PLC。以西门子 S7-200 Smart 系列 PLC 为例，其高速脉冲输出接口如表 9.6 所示。

表 9.6　西门子 S7-200 Smart 系列 PLC 高速脉冲输出接口

型号	高速脉冲输出接口数量×频率	硬件接口
ST20	2×100 kHz	Q0.0/Q0.1
ST30	3×100 kHz	Q0.0/Q0.1/Q0.3
ST40	3×100 kHz	Q0.0/Q0.1/Q0.3
ST60	3×100 kHz	Q0.0/Q0.1/Q0.3

实际应用中，通常只需将驱动器上的 PUL 接口与 PLC 的高速脉冲输出接口相接，将 DIR 接口与普通数字量输出接口相接，因此一台 S7-200 Smart 系列的 PLC 通常可以控制 2~3 台步进电机同时运动。

9.3　控制实践软件基础

除了硬件接线外，若要控制步进电机转动，须编写相应的程序使 PLC 发出高速脉冲，而在 S7-200 Smart 系列 PLC 中，有专用的指令模块可以实现上述功能。相应的指令分别是脉冲输出(PLS)指令、脉冲串输出(PTO)指令和脉宽调制(PWM)指令。由于步进电机主要依靠连续脉冲实现角位移输出，脉宽调制(PWM)的控制方式并不适用，因此本节主要介绍前两个指令。

9.3.1　PLS 指令

脉冲输出(PLS)指令用于控制高速脉冲输出口(Q0.0、Q0.1 和 Q0.3)的脉冲串输出(PTO)功能。其在编程界面中的呈现形式如图 9.10 所示。

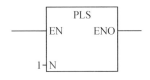

图 9.10　脉冲输出指令示意图

当 EN 接口接收到一个上升沿脉冲后，即允许相应的通道提供脉冲串输出功能。图 9.10 中的 N 为通道号，其与具体输出端口之间的对应关系如表 9.7 所示。

表 9.7   通道号与具体输出端口之间的对应关系

N	对应输出端口
0	Q0.0
1	Q0.1
2	Q0.3

9.3.2   PTO 指令

PTO 指令用于以指定频率和指定脉冲数量提供 50% 占空比输出的方波。PTO 脉冲示意图如图 9.11 所示。

图 9.11   PTO 脉冲示意图

- 脉冲数: 1~2 147 483 647。
- 频率: 1~100 000 Hz(多段); 1~65 535 Hz(单段)。

PTO 可使用脉冲包络生成一个或多个脉冲串,在编程时可以指定脉冲的数量和频率。当有效脉冲串结束时,会立即输出新的脉冲串,这样可持续输出后续脉冲串。

要实现 PTO 输出,需要对相关的控制字节进行初始化。PTO 产生单段脉冲串或者多段脉冲串,需先组态 PTO 控制字节(SMB67、SMB77 和 SMB567)。其中 SMB67 控制 Q0.0,SMB77 和 SMB567 则分别控制 Q0.1 和 Q0.3。PTO 控制寄存器的控制字节如表 9.8 所示。

表 9.8   PTO 控制寄存器的控制字节

Q0.0	Q0.1	Q0.3	控制位
SM67.0	SM77.0	SM567.0	PTO/PWM 更新频率/周期: 0 表示不更新; 1 表示更新频率/周期
SM67.1	SM77.1	SM567.1	PWM 更新脉冲宽度时间: 0 表示不更新; 1 表示更新脉冲宽度
SM67.2	SM77.2	SM567.2	PTO 更新脉冲计数值: 0 表示不更新; 1 表示更新脉冲计数
SM67.3	SM77.3	SM567.3	PWM 时基: 0 表示 1 μs/刻度; 1 表示 1 ms/刻度
SM67.4	SM77.4	SM567.4	保留

续表

Q0.0	Q0.1	Q0.3	控制位
SM67.5	SM77.5	SM567.5	PTO 单/多段操作: 0 表示单段; 1 表示多段
SM67.6	SM77.6	SM567.6	PTO/PWM 模式选择: 0 表示 PWM; 1 表示 PTO
SM67.7	SM77.7	SM567.7	PTO/PWM 使能: 0 表示禁用; 1 表示启用

将 PTO 控制字节进行相应的排列组合,即可实现不同的功能,具体如表 9.9 所示。

表 9.9　十六进制值组态 PTO 控制字节

控制寄存器 (十六进制值)	启用	选择模式	PTO 段操作	时基	脉冲计数	频率
16#C0	是	PTO	单段	频率 Hz	—	—
16#C1	是	PTO	单段	频率 Hz	—	更新频率
16#C4	是	PTO	单段	频率 Hz	更新	—
16#C5	是	PTO	单段	频率 Hz	更新	更新频率
16#E0	是	PTO	多段	频率 Hz	—	—

例如,"16#C0"换成二进制编码即是 11000000,从高位到低位排序,则有 SM67.7 = 1,SM67.6 = 1,SM67.5 = 0,SM67.4 = 0,SM67.3 = 0,SM67.2 = 0,SM67.1 = 0,SM67.0 = 0。

除组态 PTO 控制字节外,还应该在执行高速脉冲指令前装载或更新脉冲频率和脉冲数,具体如表 9.10 所示。

表 9.10　其他控制寄存器

Q0.0	Q0.1	Q0.3	寄存器功能
SMW68	SMW78	SMW568	PTO 频率:1~65 535 Hz(PTO)
SMD72	SMD82	SMD572	PTO 脉冲计数值:1~2 147 483 647
SMW168	SMW178	SMW578	包络表的起始单元(相对 V0 的字节偏移),仅限多段 PTO 操作

实际应用中,往往需要依据任务要求中的步进电机转速和角位移来设定脉冲频率和脉冲数,而这两者的关系可以用以下公式表示:

$$\begin{cases} n = \dfrac{60f}{m} \\ \theta = \dfrac{2\pi N}{m} \end{cases}$$

式中：n 表示步进电机的转速，单位为 r/min；f 表示设定的脉冲频率，单位为 Hz；m 表示步进电机的细分；θ 表示步进电机的角位移，单位为 rad；N 表示设定的脉冲数。

根据上述方程，即可设定合适的脉冲频率和脉冲数，以实现步进电机的控制。若要使步进电机按照设定的速度持续运转，则持续调用 PLS 指令即可。

9.3.3 PLC 编程实现

使用 PLS 指令实现 PTO 输出的编程步骤如下：

（1）设置 PTO 控制字节。通常采用字节传送指令（如图 9.12 所示），以确定是使用单段操作还是使用多段操作，以及是否更新频率或脉冲数。

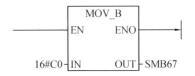

图 9.12　字节传送指令

（2）确定是单段操作后，采用字和双字传送指令（如图 9.13 所示），装载或更新频率值、脉冲数。

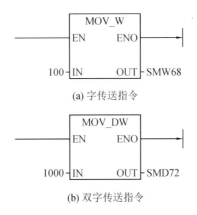

(a) 字传送指令

(b) 双字传送指令

图 9.13　字和双字传送指令

（3）设置 PLS 指令通道。如图 9.14 所示，通过触点的上升沿触发 PLS 指令。

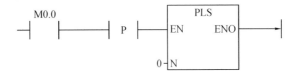

图 9.14　设置 PLS 指令通道

最终呈现在编程界面中的程序如图 9.15 所示。

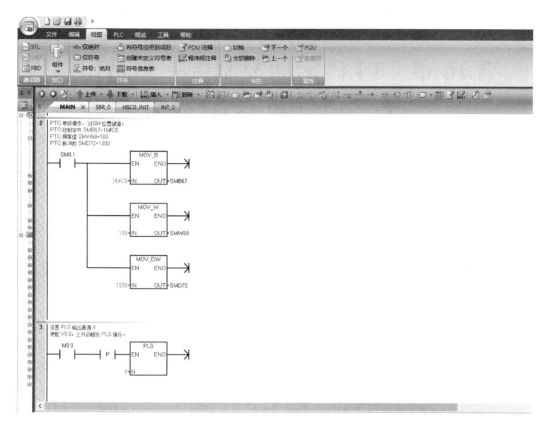

图 9.15　PLS 点动指令示意图

思 考 题 9

某数控装备中采用步进电机驱动直线滑台实现夹具的进退，其中丝杠滑台的导程为 5 mm，夹具进退的行程为 120 mm，点动调试时的速度为 30 mm/s，正常运转时的速度为 80 mm/s，步进电机的细分选择为 200，请设计相关的控制程序，实现上述控制目标。

评分标准：

（1）能按照指定的点动调试速度运行（70 分）；

（2）能按照指定的正常运转速度运行（20 分）；

（3）实现步进电机换向运行（10 分）。

步进电机点动
演示

第 10 章　PLC 运动控制——步进电机定位控制电气实践

【学习目标】

（1）了解运动控制向导的基本流程和参数设置方法，掌握运动控制向导的打开方式。

（2）了解运动控制向导导出的基本控制指令以及点动控制和绝对/相对定位的控制区别，掌握运动控制向导内的参数含义。

（3）掌握运动控制指令的引脚含义以及点动控制和绝对/相对定位控制的使用方法，能参考控制指令实现步进电机定位控制。

（4）能创新设计步进电机运动控制程序，并能运用运动控制向导解决实践问题。

【本章导读】

本章主要介绍西门子 S7-200 Smart 系列 PLC 运动控制的第二种实现方式——运动控制向导，使读者更进一步掌握步进电机运动控制流程和参数设置方法。本章以运动控制向导的主要环节和导出的控制指令使用方法为基础，提供步进电机定位控制实例，读者需要结合控制实例及利用相关控制指令实现步进电机的运动控制。

10.1　步进电机定位控制的典型应用

如图 10.1 所示的自动焊锡机和自动锁螺丝机，其运动端都有单轴的滑台和双轴十字滑台组。此类设备工作时，需要所有的滑台组根据目标位置实现精确定位控制。而这种轻载的场合，往往是由步进电机所驱动的。

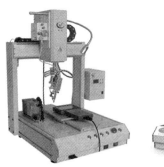

(a) 自动焊锡机　　　　　　　　　　　(b) 自动锁螺丝机

图 10.1　步进电机定位控制的典型应用

10.2　控制实践硬件基础

实际应用中，步进电机一般会配合直线模组等运动执行机构，实现更加复杂和精密的线性运动控制要求。直线模组通常有两种类型，一种是同步带型，另一种是滚珠丝杠型。为了实现限位和电气零点的功能，往往需要在直线模组上加装限位传感器。

10.2.1　同步带型直线模组

同步带型直线模组如图 10.2 所示，其主要由同步带、导轨、滑块、主动轮、从动轮和传动轴等组成。其中同步带张紧安装在主动轮和从动轮上，主动轮与步进电机同轴连接，作为动力输入轴；在同步带上通过同步带夹固定一块滑块，当有动力输入时，主动轮驱动同步带运动，从而使滑块移动。

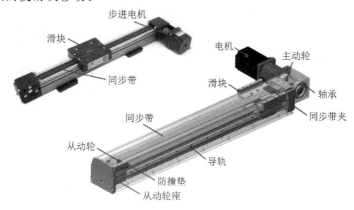

图 10.2　同步带型直线模组

同步带型直线模组具有噪声低、移动速度快、成本相对较低等特点，特别在长行程传动方面具有较高的性价比。

10.2.2　滚珠丝杠型直线模组

滚珠丝杠型直线模组如图 10.3 所示，其主要由丝杠、丝母滑块、导轨、联轴器等组成。

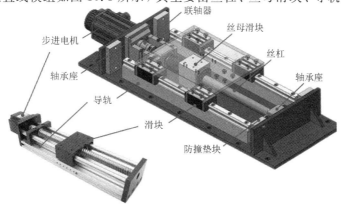

图 10.3　滚珠丝杠型直线模组

其中，丝杠是将旋转运动转化为直线运动或将直线运动转化为旋转运动的理想产品。丝母滑块由螺钉、螺母和滚珠组成。滚珠丝杠具有摩擦阻力小的特点，因此广泛应用于各种工业设备和精密仪器中，高负荷条件下可实现高精度直线运动。

10.2.3　直线模组限位传感器

直线模组限位传感器包括槽型光电开关和磁性接近开关。

图 10.4(a)所示为槽型光电开关，其是对射式光电开关的一种，又称为 U 型光电开关，由红外线发射管和红外线接收管组合而成，当光路被遮断时，传感器输出信号。U 型光电开关安装于型材外侧，滑台上安装有金属挡片。当滑台经过光电开关时，金属挡片遮断了光路，从而实现滑台位置的检测和反馈。

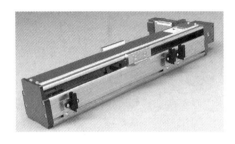 

(a) 槽型光电开关　　　　　　　　　　　　(b) 磁性接近开关

图 10.4　直线模组限位传感器

图 10.4(b)所示为磁性接近开关，在检测范围内探测到铁磁性物体时，即触发传感器输出开关信号。磁性接近开关同样安装于型材外侧，滑台上需要附加铁块或其他铁磁性物体，当滑台经过接近开关时，检测到附加的物体，从而实现滑台位置的检测和反馈。

10.3　控制实践软件基础

由第 9 章可知，步进电机可通过 PTO 脉冲数实现角位移的控制，而 S7-200 Smart 系列 PLC 还提供了一种开环运动控制的编程方式——运动控制向导。利用这种编程方式，可以自动生成相关的指令模块，更利于初学者掌握相关知识，也使得实际应用更为便捷。

10.3.1　运动控制向导

S7-200 Smart 系列 PLC 中的运动控制向导提供了 3 个轴的开环位置控制所需要的功能，具体如下：

（1）提供高速控制功能，速度从每秒 2 个脉冲到每秒 100 000 个脉冲(2 Hz 到 100 kHz)；

（2）提供指定的运动控制单位，既可以使用换算后的工程单位(例如英寸和厘米)，也可以直接使用脉冲数；

（3）提供正反向运动的误差补偿；

（4）提供绝对位置控制、相对位置控制和点动控制等方式；

（5）提供多组运动曲线；

（6）提供 4 种不同的参考点寻找模式，每种模式都可对起始的寻找方向和最终的接近方向进行选择。

1. 设定工程单位

如前所述，步进电机根据控制器所发送的脉冲数旋转相应的角度，因此其运动控制单位通常为 PPR(Plus Per Revolution，每转脉冲数)，这意味着控制器发送一定脉冲数后，步进电机回转一周。但在工程实践中，常常需要对实际位置进行控制，输入的是角位移(角位置)或直线位移(直线位置)，因此要进行单位换算。换算公式如下：

$$S = p \times k$$

其中，S 表示实际的角位移或者直线位移，p 表示步进电机每转运行距离，k 表示步进电机每转脉冲数。

2. 设定运动控制参考点及其控制方式

在步进电机的工程应用中，最常见的是步进电机驱动滑台往复运行。在运行过程中，为了保障滑台安全运行，需要在左右行程极限处设置限位传感器，当滑台触碰到限位传感器时，反馈信号至控制器。控制器接收到该信号后，需要进行判断和处理，常用的处理方法有：立即停止发送脉冲信号，伺服电机停转；控制电机减速运转，直至停转；等等。

除极限位置参考点外，还有一个较为重要的参考点，即电气原点。步进电机在运转过程中存在累积误差，或者在运转过程中因出现异常情况而无法继续执行程序时，需要将步进电机回归至电气零点，同时使位置数据和误差数据都清零。

回原点模式主要有以下四种。

(1) 如图 10.5 所示，第一种回原点模式的具体过程为：若默认的回原点方向为负方向，则步进电机驱动滑台往负极限位运动，当运动的起点在负极限传感器与电气原点之间

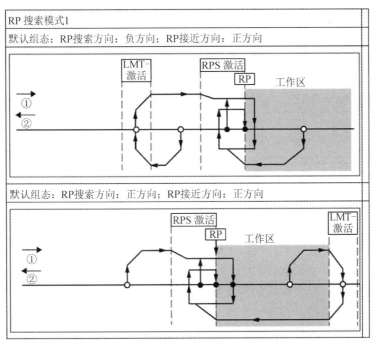

①为正方向运动；②为负方向运动。

图 10.5　第一种回原点模式过程示意图

时，滑台会触碰到负极限传感器（LMT－），此时运动方向反向，当检测到原点信号的下降沿时，运动方向再次改变，直到再次检测到原点信号的下降沿时，停止运动，并认为回原点成功；当运动的起点在电气原点的另一侧时，滑台运动至检测到原点信号的上升沿后，继续运动一段距离后反向，当检测到原点信号的下降沿时，停止运动，并认为回原点成功。

若默认的回原点方向为正方向，则步进电机回原点的过程与上述类似，只是方向刚好相反。

（2）如图 10.6 所示，第二种回原点模式的具体过程为：若默认的回原点方向为负方向，则步进电机驱动滑台往负极限位运动，当运动的起点在负极限传感器与电气原点之间时，滑台会触碰到负极限传感器，此时运动方向反向，当检测到原点信号的下降沿时，运动方向再次改变，直至第二次检测到原点信号的上升沿时，继续运动一段距离后停止，并认为回原点成功；当运动的起点在电气原点的另一侧时，过程与前面类似，当第三次检测到原点信号的上升沿时，继续运动一段距离后停止，并认为回原点成功。

若默认的回原点方向为正方向，则步进电机回原点的过程与上述类似，只是方向刚好相反。

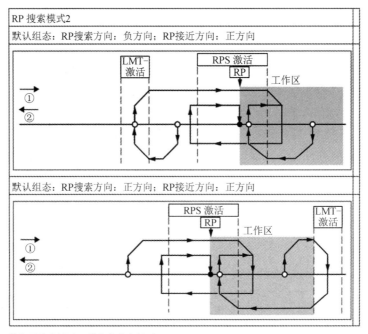

①为正方向运动；②为负方向运动。

图 10.6　第二种回原点模式过程示意图

（3）如图 10.7 所示，第三种回原点模式的具体过程为：若默认的回原点方向为负方向，则步进电机驱动滑台往负极限位运动，当运动的起点在负极限传感器与电气原点之间时，滑台会触碰到负极限传感器，此时运动方向反向，当检测到原点信号的下降沿时，运动方向再次改变，直至第二次检测到原点信号的下降沿时，继续运动一段距离后停止，并认为回原点成功；当运动的起点在电气原点的另一侧时，在检测到原点信号的下降沿后，继续运动一段距离后停止，并认为回原点成功。

若默认的回原点方向为正方向，则步进电机回原点的过程与上述类似，只是方向刚好相反。

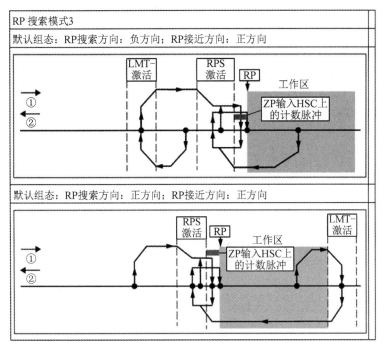

①为正方向运动；②为负方向运动。

图 10.7　第三种回原点模式过程示意图

（4）如图 10.8 所示，第四种回原点模式的具体过程为：若默认的回原点方向为负方

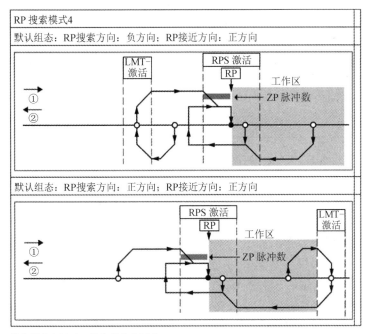

①为正方向运动；②为负方向运动。

图 10.8　第四种回原点模式过程示意图

向，则步进电机驱动滑台往负极限位运动，当运动的起点在负极限传感器与电气原点之间时，滑台会触碰到负极限传感器，此时运动方向反向，直至检测到原点信号的上升沿时，继续运动一段距离后停止，并认为回原点成功；当运动的起点在电气原点的另一侧时，在检测到原点信号的下降沿后，运动反向，直至再次检测到原点信号的上升沿时，继续运动一段距离后停止，并认为回原点成功。

若默认的回原点方向为正方向，则步进电机回原点的过程与上述类似，只是方向刚好相反。

3. 运动控制指令及其引脚含义

运动向导执行完后，会自动生成如表 10.1 所示的运动控制指令，从而使运动轴的控制更容易。各运动控制指令均具有"AXISx_"前缀，其中 x 代表轴通道编号。由于每条运动控制指令都是一个子程序，因此 11 条运动控制指令使用 11 个子程序。

表 10.1　运动向导生成的运动控制指令

指令名称	指令功能
AXISx_CTRL	启用和初始化运动轴
AXISx_MAN	手动模式
AXISx_GOTO	命令运动轴转到所需位置
AXISx_RUN	运行包络
AXISx_RSEEK	搜索参考点位置
AXISx_LDOFF	加载参考点偏移量
AXISx_LDPOS	加载位置
AXISx_SRATE	设置速率
AXISx_DIS	使能/禁止 DIS 输出
AXISx_CFG	重新加载组态
AXISx_CACHE	缓冲包络

下面介绍其中几个常用的运动控制指令。

1) AXISx_CTRL 指令

AXISx_CTRL 指令如图 10.9 所示。在编程时，只对每条运动轴使用此子程序一次，并确保程序会在每次扫描时调用此子程序。一般使用 SM0.0 作为 EN 引脚的触点。

图 10.9 中主要引脚的含义如下：

① MOD_EN：启用模块（1 表示可发送命令，0 表示中止进行中的任何命令）。

② Done：完成标志位。

③ Error：错误代码（字节）。

④ C_Pos：轴的当前位置（绝对定位或者相对定位），工程单位时为 Real 型数据，相对脉冲时为 DINT 型数据。

⑤ C_Speed：轴的当前速度，为 Real 型数据。

⑥ C_Dir：轴的当前方向（1 表示反向，0 表示正向）。

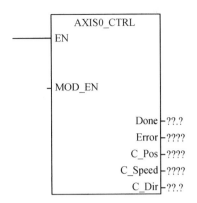

图 10.9　AXISx_CTRL 指令

2）AXISx_MAN 指令

AXISx_MAN 指令如图 10.10 所示。编程时，可以按照实际需求来调用，一旦启用，则运动轴将处于 JOG 运动模式。需要注意的是，RUN、JOG_P 和 JOG_N 都能控制电机在 JOG 模式下运动，但在同一时间仅能启用其中之一。

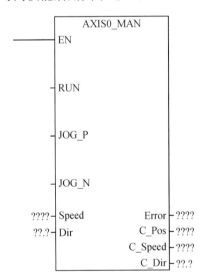

图 10.10　AXISx_MAN 指令

图 10.10 中主要引脚的含义如下：

① RUN：1 表示手动运行（速度和方向分别由 Speed 和 Dir 引脚控制），0 表示停止手动控制。

② JOG_P：1 表示正转点动控制。

③ JOG_N：1 表示反转点动控制。

④ Speed：RUN 运行时的目标速度，为 Real 型数据。

⑤ Dir：RUN 运行时的方向，为 Bool 型数据。

⑥ Error：错误代码（字节）。

⑦ C_Pos：轴的当前位置（绝对定位或者相对定位），工程单位时为 Real 型数据，相对脉冲时为 DINT 型数据。

⑧ C_Speed：轴的当前速度，为 Real 型数据。

⑨ C_Dir：轴的当前方向（1 表示反向，0 表示正向）。

3）AXISx_GOTO 指令

AXISx_GOTO 指令主要用于控制运动轴运动到指定位置。AXISx_GOTO 指令如图 10.11 所示。当且仅当 EN 引脚接通时，才能调用 AXISx_GOTO 指令；当 START 引脚检测到上升沿脉冲时，运行 AXISx_GOTO 指令。

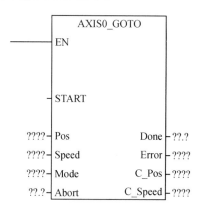

图 10.11　AXISx_GOTO 指令

图 10.11 中主要引脚的含义如下：

① START：每接通一个扫描周期，就执行一次定位。

② Pos：目标位置（绝对定位为坐标点，相对定位为两点间距离），工程单位时为 Real 型数据，相对脉冲时为 DINT 型数据。

③ Speed：目标速度，为 Real 型数据。

④ Mode：移动模式（0 表示绝对位置，1 表示相对位置，2 表示单速连续正向旋转，3 表示单速连续反向旋转）。

⑤ Abort：停止正在执行的运动。

⑥ Done：完成标志位。

⑦ Error：错误代码（字节）。

⑧ C_Pos：轴的当前位置（绝对定位或者相对定位），工程单位时为 Real 型数据，相对脉冲时为 DINT 型数据。

⑨ C_Speed：轴的当前速度，为 Real 型数据。

4）AXISx_RUN 指令

AXISx_RUN 指令如图 10.12 所示。触发 AXISx_RUN 指令后，控制运动轴按照预设的运动曲线包络执行运动操作。

图 10.12 中主要引脚的含义如下：

① START：开启后，将向运动轴发出 RUN 命令。为了确保仅发送一个命令，应使用边沿检测元素通过脉冲方式开启 START 参数。

② Profile：包含运动包络的编号或符号名称，其输入值必须介于 0～31，否则子例程将返回错误。

③ Abort：命令运动轴停止当前包络并减速，直至电机停止。

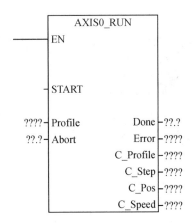

图 10.12　AXISx_RUN 指令

④ C_Profile：包含运动轴当前执行的包络。

⑤ C_Step：包含目前正在执行的包络步。

5）AXISx_RSEEK 指令

使用组态/曲线表中的搜索方法启动回原点操作。AXISx_RSEEK 指令如图 10.13 所示。运动轴找到原点且运动停止后，运动轴将 RP_OFFSET 参数值载入当前位置。

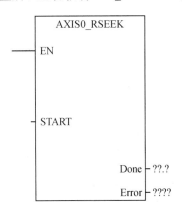

图 10.13　AXISx_RSEEK 指令

图 10.13 中主要引脚的含义如下：

① EN：开启后，启用此子例程。确保 EN 位保持开启，直至 Done 位指示子例程执行已经完成。

② START：开启后，将向运动轴发出 RSEEK 命令。为了确保仅发送一个命令，应使用边沿检测元素通过脉冲方式开启 START 参数。

10.3.2　运动控制向导操作步骤

下面通过具体的软件界面介绍运动控制向导的操作步骤。

（1）如图 10.14 所示，点击"工具"选项卡里的"运动"模块，或者选择树形图里"向导"下的"运动"选项，进入向导设置界面。

图 10.14　运动向导界面

（2）如图 10.15 所示，选择要组态的轴。实际需要驱动几台步进电机，就勾选相应的复选框。其中，轴 0 对应 PLC 数字量输出接口的 Q0.0，轴 1 对应 Q0.1，轴 2 对应 Q0.3。勾选后，左侧菜单中相应的轴下面会出现进一步需要组态的功能。

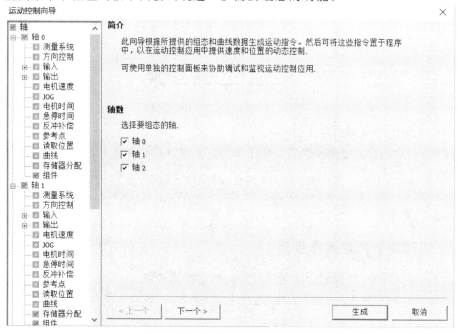

图 10.15　运动轴组态界面

（3）点击"下一个"按钮，出现如图 10.16 所示的界面，询问是否需要修改运动轴的命名。实际应用中，最好修改为对应的运动轴名称。

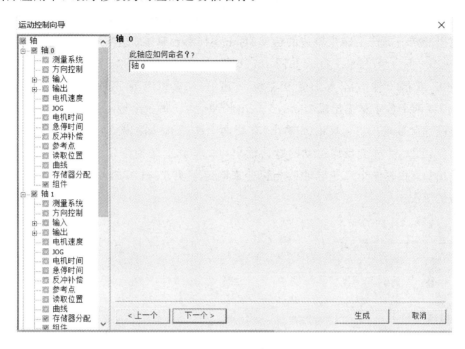

图 10.16　运动轴命名界面

（4）点击"下一个"按钮，进入如图 10.17 所示的测量系统选择界面。"选择测量系统"下拉列表中有"工程单位"和"相对脉冲"两个选项。实际应用时，若步进电机直驱旋转机械，

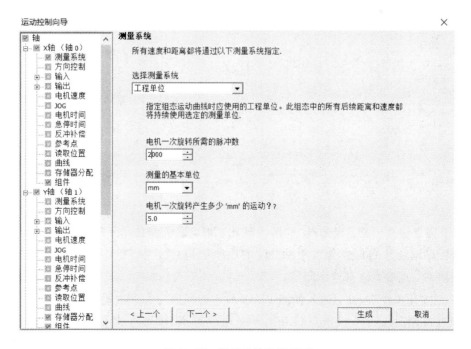

图 10.17　测量系统选择界面

则选择"相对脉冲";若步进电机驱动丝杠滑台等直线位移的机构,则选择"工程单位"。工程单位中有 mm、cm、m、英寸、英尺、弧度、度等几种单位,分别对应直线运动和旋转运动。此外,还需输入步进电机旋转一周所需的脉冲数(可填入步进电机驱动器上的细分值)和步进电机旋转一周产生多少单位的运动(对于丝杠滑台来说,这实际上是丝杠的导程)。

(5)点击"下一个"按钮,进入如图 10.18 所示的方向控制设定界面。"相位"栏中有单相(2 输出)、双相(2 输出)、A/B 正交相位(2 输出)和单相(1 输出)四种方式。其中:单相(2 输出)需要两个数字量输出端口,一个输出脉冲信号,另一个输出方向信号,而该方向信号不需要高速脉冲输出口;双相(2 输出)需要两个高速脉冲输出口,一个作为正向运动的脉冲输出口,另一个作为反向运动的脉冲输出口;A/B 正交相位(2 输出)同样需要两个高速脉冲输出口,根据两个高速脉冲的相位差来确定运动方向;单相(1 输出)只适用于单向持续运转的工况。

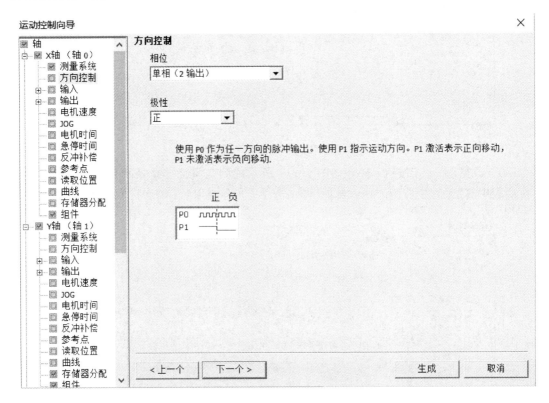

图 10.18　方向控制设定界面

此外,需要注意的是,当选择"单相(2 输出)"时,系统会自动分配方向信号的地址,第一个轴分配的地址是 Q0.2,第二个轴分配的地址是 Q0.7,第三个轴分配的地址是 Q1.0。在硬件接线时,也需要注意这个问题。

(6)点击"下一个"按钮,进入如图 10.19 所示的界面,对各输入点进行组态。输入点包括上极限点(LMT+)、下极限点(LMT-)、电气原点(RPS)、急停点(STP)、零脉冲点(ZP)和触发器输入点(TRIG)。

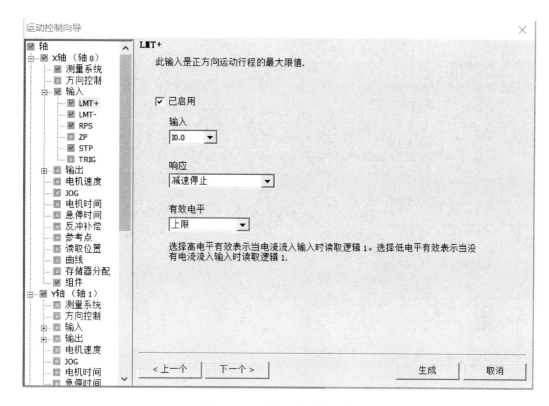

图 10.19　对输入点进行组态

上、下极限点用于定义与限位传感器相接的数字量输入接口地址。另外，还需选择触发该输入点时电机的停止方式。通常有"减速停止"和"立即停止"两种停止方式，需根据实际应用工况来选择。若限位传感器安装的位置已没有缓冲空间，则选择"立即停止"；若运动时惯性较大，则选择"减速停止"。

电气原点用于定义与原点传感器相接的数字量输入接口地址。另外，还需选择是高电平有效还是低电平有效。这实际与所选择的传感器输出形式有关。若该传感器是常开式输出形式，则选择高电平有效；若该传感器是常闭式输出形式，则选择低电平有效。

急停点用于定义与停止按钮相接的数字量输入接口地址。实际应用中，出于安全性的考虑，需要设置一个专用的紧急停止按钮，当按压该按钮时，触发步进电机的停止程序。与极限点类似，这里需要选择是"减速停止"还是"立即停止"，选择理由如前所述。

注意：在进行输入/输出点组态时，所组态的地址与硬件接口应一一对应。

（7）如图 10.20 所示，对步进电机的运动速度进行组态。由于前面定义的工程单位是mm，因此这里的速度单位直接换算成了 mm/s，而这里最大速度的极限值与步骤（4）中测量系统参数选择直接相关。也可以根据实际控制需求，设置最大运动速度。

（8）如图 10.21 所示，对点动调试速度进行组态。其中，"速度"选框中填入的是当持续点击点动按钮时步进电机的运动速度；"增量"选框中填入的是当单次点击点动按钮时步进电机前进的距离。在进行设备的安装调试或出现示警故障时，JOG 命令是很实用的指令。

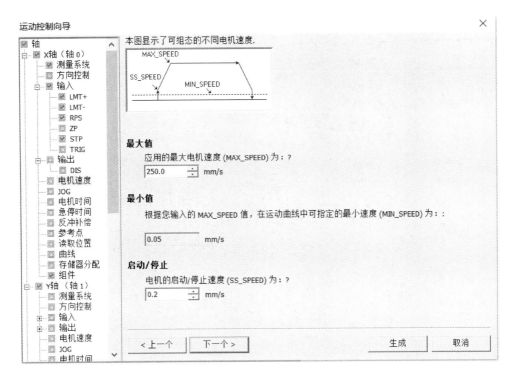

图 10.20　对步进电机的运动速度进行组态

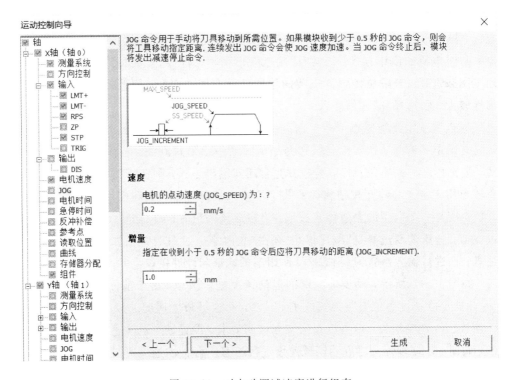

图 10.21　对点动调试速度进行组态

（9）如图 10.22 所示，定义加减速时间。注意：加减速时间不能设定得过小（因为步进电机的启动速度可能会跟不上），也不能设定得过大（因为有可能走完完整的行程时，还未达到预设的运动速度）。

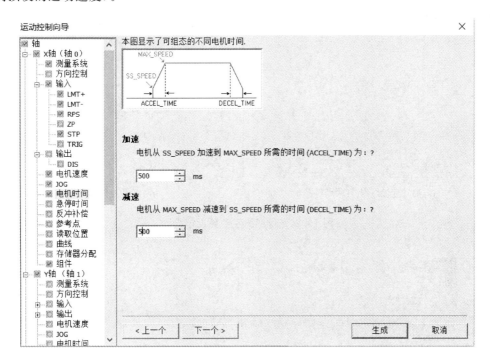

图 10.22　定义加减速时间

（10）如图 10.23 所示，设定急停补偿和反冲补偿。通常根据实际使用需求进行设定。急停补偿实际上是增加了加减速的时间，使得速度变得更加平稳；而反冲补偿是为了消除传动机构上的间隙，使得正反转保持高效运转。

(a) 急停补偿设定界面　　　　　　　　　　　　(b) 反冲补偿设定界面

图 10.23　设定急停补偿和反冲补偿

（11）如图 10.24 和图 10.25(a)所示，启动返参点（电气原点），并设定回原点的速度、检测到原点信号后的最终定位速度、回原点的启动方向、最终定位点距离原点信号的偏移量等。设置好后，如图 10.25(b)所示，对回原点的方式进行组态。各方式的回原点过程前文中已有详细描述，这里不再赘述。

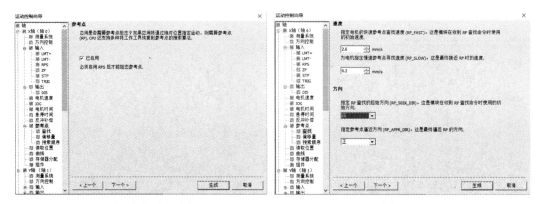

(a) 启动返参点(电气原点)　　　　　　　　(b) 参数设置界面

图 10.24　返回原点参数设定界面

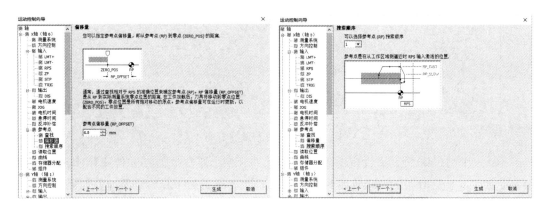

(a) 返参偏移量设置界面　　　　　　　　(b) 返参模式选择界面

图 10.25　返回原点模式设定界面

（12）跳过读取位置(因为该功能只对特定的伺服驱动器有效)后，组态步进电机的运动曲线，这个曲线对应着连续运动状态下的运行曲线。如图 10.26 所示，在组态曲线中，有绝

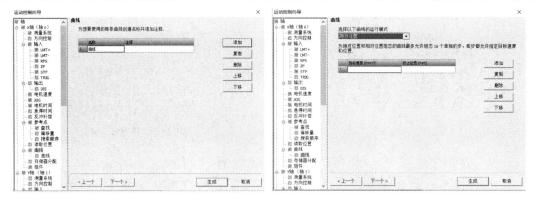

(a) 添加曲线　　　　　　　　(b) 添加位置

图 10.26　组态曲线设定界面

对位置、相对位置、单速连续旋转和双速连续旋转四种运行模式。对于有多个运动位置的工况，通常选择"绝对位置"和"相对位置"运行模式，按照设定的"步"依次运行。

（13）如图 10.27 所示，为上述组态过程中所填写的数据分配存储器。

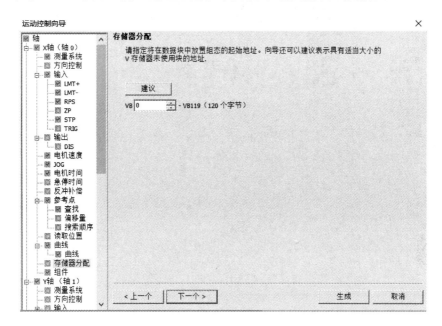

图 10.27　存储器分配界面

（14）如图 10.28 和图 10.29 所示，组态完成后，会展示所有生成的子程序名和硬件接口；核对无误后，即可点击"生成"按钮。

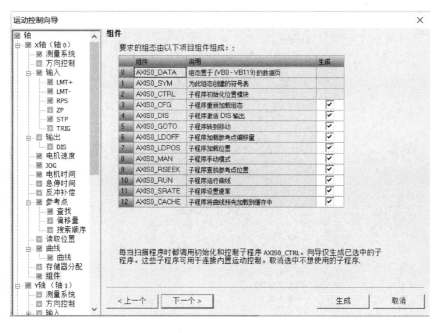

图 10.28　生成子程序界面

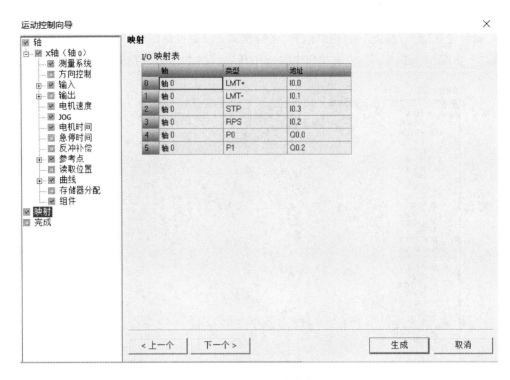

图 10.29　I/O 映射表

（15）生成后，如图 10.30 所示，在软件界面的树形图中会出现所有的运动控制子程序，按照要求分别调用即可。

图 10.30　项目树中生成的子程序

10.3.3　PLC 编程实现

根据 10.3.2 节运动控制向导操作步骤，在实际应用所生成的子程序时，可以参考以下使用方式。这里以轴 0 的运动控制为例。

如图 10.31 所示，由于采用了特殊辅助触点 SM0.0，因此轴 0 一直处于运行状态。

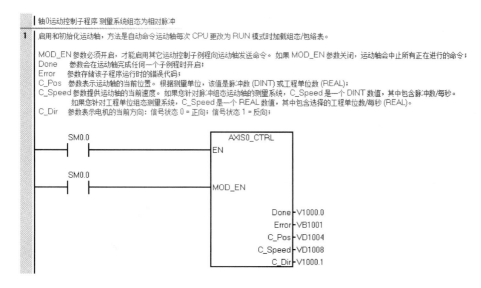

图 10.31　轴 0 启动

如图 10.32 所示，当接通触点 M0.0 时，电机按照 Speed 设定的速度运转，当 M0.0 断开时，电机停止；当接通 M0.1 或 M0.2 时，电机按照向导内设定的点动速度正向或反向运

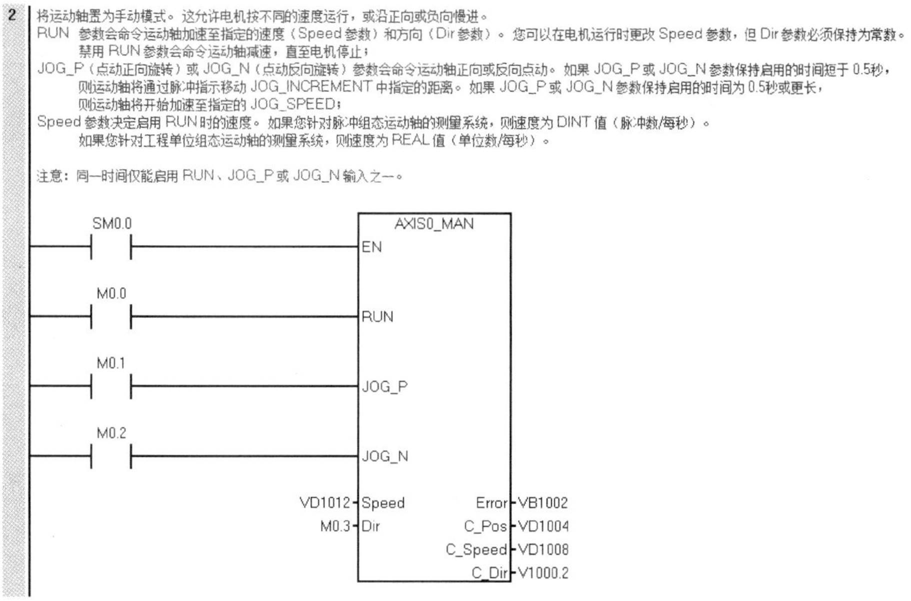

图 10.32　轴 0 点动

动。注意：上述三个触点在同一时间只能使用其中一个。

　　如图 10.33 所示，当触点 M0.4 产生一个上升沿时，电机按照 Speed 设定的速度运转Pos 设定的位移，当 M0.5 置 1 时，电机立即停止。如图 10.34 所示，当触点 M0.6 产生一个上升沿时，电机按照预先设定的曲线运转，当 M0.7 置 1 时，电机立即停止。

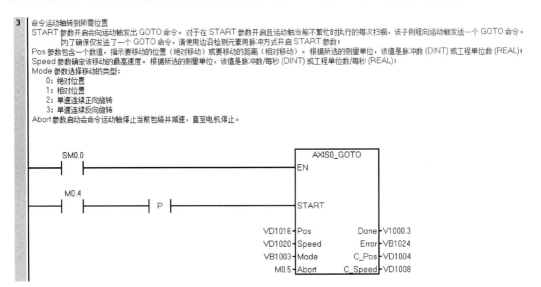

图 10.33　轴 0 定位运动

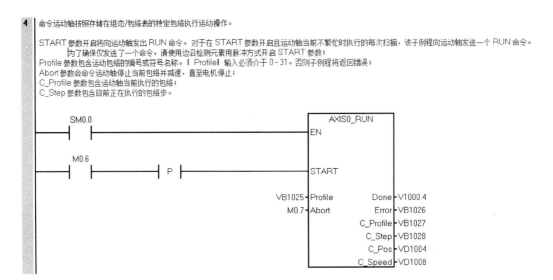

图 10.34　轴 0 包络运动

　　如图 10.35 所示，当触点 M1.0 产生一个上升沿时，电机按照设定的回原点方式执行返回原点操作。

5　使用组态/包络表中的搜索方法启动参考点搜索操作。当运动轴找到参考点且移动停止时，运动轴将 RP_OFFSET 参数值载入当前位置。

　　RP_OFFSET 的默认值为 0。可使用运动控制向导、运动控制面板或 AXISx_LDOFF（加载偏移量）子例程来更改 RP_OFFSET 值；
　　EN 位开启会启用此子例程。确保 EN 位保持开启，直至 Done 位指示子例程执行已经完成；
　　START 参数开启将向运动轴发出 RSEEK 命令。对于在 START 参数开启且运动轴当前不繁忙时执行的每次扫描，
　　　　该子例程向运动轴发送一个 RSEEK 命令。为了确保仅发送了一个命令，请使用边沿检测元素用脉冲方式开启 START 参数。

```
      SM0.0                                         AXIS0_RSEEK
      ─┤ ├─────────────────────────┐              ┤EN
                                     │
      M1.0                           │
      ─┤ ├────────────┤ P ├─────────┘              ┤START

                                                    Done├─V1000.5
                                                    Error├─VB1029
```

图 10.35　轴 0 回原点运动

思 考 题 10

　　基于本章的内容，重新思考第 9 章的思考题，采用运动控制向导的方式进行编程，实现点动按钮 I0.0 后正向运动，点动按钮 I0.1 后反向运动，点动按钮 I0.2 后自动回原点，且正转限位和反转限位分别为 I1.0 和 I0.4，电气原点为 I0.3。

步进电机回
原点演示

评分标准：

（1）能完成向导操作，并按照指定的点动调试速度运行（70 分）；

（2）实现回原点操作（20 分）；

（3）实现在任意位置回原点操作（10 分）。

第 11 章　PLC 运动控制——伺服电机点动控制电气实践

【学习目标】

（1）了解伺服电机的控制方式、基本性能参数和接线方法。

（2）掌握 PLC 的 PTO 控制指令和伺服电机点动控制方法。

（3）能创新设计伺服电机的 PTO 控制程序，并能运用 PTO 控制程序解决实践问题。

【本章导读】

本章主要介绍伺服电机的工作原理及硬件接线、西门子 S7-200 Smart 系列 PLC 基本运动控制指令等，使读者初步掌握伺服电机运动控制方法。本章以 PTO 指令和 PLC 高速脉冲输出口使用方法为基础，提供伺服电机点动正反转控制实例，读者需要结合控制实例及利用相关控制指令实现伺服电机的点动控制。

11.1　伺服电机的典型应用

伺服电机的控制方式与步进电机的较为相似，都是采用脉冲串的形式，将脉冲个数转化成角位移，但实际上，伺服电机常常自带编码器，构成了闭环控制系统。因此，相比于步进电机，伺服电机的控制精度更高，负载能力更强，且低速时更稳定。如图 11.1 所示，伺服电机常用于高载荷且高精度的自动化设备中，负责将控制器给出的指令信号转化为更为精确的角位移。在一些工艺精度、加工效率和工作可靠性有较高要求的场合，通常首选伺服电机。

(a) 工业机械臂　　　　　　　　　　　　(b) 多轴加工中心

图 11.1　伺服电机的典型应用

11.2　控制实践硬件基础

11.2.1　伺服电机

1. 伺服电机的结构及工作原理

目前伺服电机有直流和交流两大类。由于交流电机相对应用更为广泛，因此这里以两相交流感应式伺服电机为例，介绍其基本结构和工作原理。与三相交流异步电机相似，伺服电机也由定子和转子两大部分构成。如图 11.2(a)所示，伺服电机的定子上装有空间互差 $90°$ 的两个绕组，即励磁绕组和控制绕组；伺服电机的转子制成具有较小惯量的细长形，转子有鼠笼式转子和杯形转子两种结构形式，图 11.2(a)为鼠笼式转子结构。

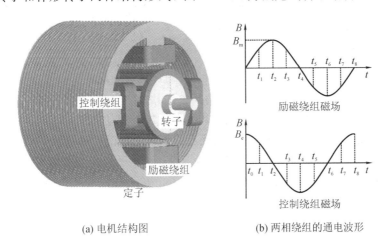

(a) 电机结构图　　　　　　　(b) 两相绕组的通电波形

图 11.2　伺服电机的工作原理

两相交流感应式伺服电机的转子旋转原理与三相交流异步电机的相似，本质同样是基于通电导线安培力原理，实际是通电线圈楞次定律(磁场中通电线圈内感应电流的磁场总要阻碍引起感应电流的磁通量的变化)的特殊表现。也就是说，两相交流感应式伺服电机的工作原理是：定子的励磁绕组和控制绕组通入交流电，在定子、转子绕组和气隙间形成空间旋转磁场；转子绕组也产生旋转，以阻碍穿过转子绕组磁通量的变化。或者说，转子绕组切割定子旋转磁场磁力线，产生转子感应电动势；转子感应电动势在闭合的转子绕组上产生感应电流；定子磁场对转子感生电流形成电磁转矩而使得电机的转子旋转。伺服电机的特殊之处还在于：当电机控制绕组无信号(仅励磁绕组通电)时，能克服"自转"马上停止。

下面具体分析两相交流感应式伺服电机的工作原理。

如图 11.3 所示，由于 B_{m1} 和 B_{m2} 这两个圆形旋转磁场以同样的磁感应强度和转速分别向相反的方向旋转，所建立的正、反旋转磁场分别切割笼型绕组并感应出大小相同、相位相反的电动势和电流，这些电流分别与各自的磁场作用，产生的力矩也大小相等、方向相反，合成力矩为零。此时，伺服电机转子转不起来。但当励磁绕组与控制绕组所产生的磁势幅值不相等时，就合成了如图 11.4 所示的椭圆形旋转磁场。该椭圆形旋转磁场可划分为两个幅值不等的圆形旋转磁场，一个为 $(1-\alpha)B_{fm}/2$，一个为 $(1+\alpha)B_{fm}/2$，它们切割转子

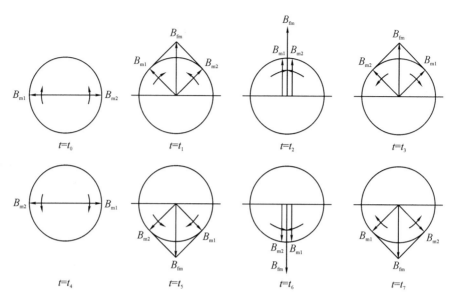

图 11.3　伺服电机内的合磁场方向

绕组感应的电动势和电流以及产生的电磁力矩方向相反、大小不等（正转者大，反转者小），合成力矩不为零，所以伺服电机就朝着正转磁场的方向转动起来。随着信号的增强，即 α 趋近于 1 时，如图 11.4 所示的椭圆形磁场接近圆形，此时正转磁场及其力矩增大，反转磁场及其力矩减小，合成力矩变大，若负载力矩不变，则转子的速度增加。如果改变控制电压的相位，即移相 180°，则旋转磁场的转向相反，产生的合成力矩方向也相反，伺服电机将反转。

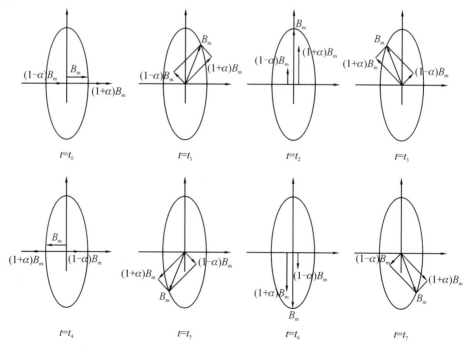

图 11.4　合成后的椭圆形旋转磁场

2. 伺服电机的运行模式

伺服电机通常有三种运行模式：位置模式、速度模式和扭矩模式。

位置模式是伺服电机最常用的运行模式，其通过控制器发送一定频率的高速脉冲，配合方向信号，实现伺服电机的正反转。与步进电机类似，控制器所发送的高频脉冲个数往往决定了伺服电机旋转的角位移，若伺服电机连接着回转运动转换为直线运动的机构（如丝杠滑台、同步带、齿轮齿条等），则脉冲个数决定了运动的直线位移。位置模式多应用于精密定位的场合，如产业机械。

速度模式通常利用外部模拟量或驱动器内部缓存器提供的速度命令，控制电机至目标转速，多用于对转速精度要求较高的场合，如 CNC。

扭矩模式与速度模式类似，其利用外部模拟量或驱动器内部缓存器提供的扭矩命令，控制电机至目标扭矩，多用于需要保持恒定扭矩、恒定张力的场合，如印刷机、绕线机等。

在位置模式下，伺服电机往往需要通过设置电子齿轮比，使得脉冲个数与实际位移相对应，这与步进电机的细分功能较为类似。其换算公式如下：

$$f_2 = f_1 \times \frac{N}{M}$$

其中，f_1 是控制器输出的脉冲，N/M 是设置的电子齿轮比，f_2 是伺服电机实际运转的脉冲数。例如，通常伺服电机旋转一周需要 16 万个脉冲，且伺服电机每旋转一周可以驱动滑台前进 3 mm，因此设置电子齿轮比为 160/3，则每发出一个脉冲，就可控制滑台前进 1 μm。

11.2.2　伺服电机选型及接线

1. 伺服电机选型

伺服电机的选型需要考虑电机的额定转速、额定转矩、峰值转矩和惯量比。其中，惯量比是指总负载惯量和电机转轴自身惯量之比。惯量比越小，伺服电机的响应性能越高。针对需要快速移动、启停频繁的场合，惯量比通常选择 1 或 2。峰值转矩主要出现在电机加速阶段，此时的负载转矩除了负载的稳态转矩外，还需要考虑加速带来的惯性转矩。选择伺服电机的一般步骤如下：

（1）根据机构预期的运动速度，折算出所需的峰值转矩和额定转矩。由于电机未定，计算时可以认为电机自身惯量为 0。

（2）根据上述参数，在相关品牌伺服电机的选型手册中选定型号，需保证计算值小于所选型号的标称值，且留有一定裕量。

（3）根据所选电机的转动惯量，重新计算峰值转矩。

（4）计算惯量比，以满足应用需求。

各品牌伺服电机都有自己的选型手册，以如图 11.5 所示的台达 ASDA-B2 系列伺服电机为例，其型号命名规则如图 11.6 所示。根据伺服电机型号就可以大致知道伺服电机的转

图 11.5　台达 ASDA-B2 系列伺服电机与驱动器实物图

速和额定输出功率。

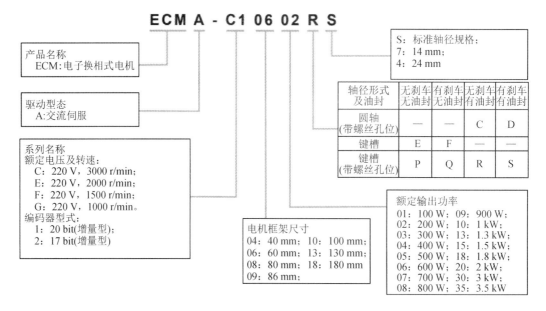

图 11.6　伺服电机型号命名规则

　　伺服电机的主要性能参数如表 11.1 所示。选型时，要仔细比对及核算相关技术参数，以免所选电机无法带动负载。

表 11.1　伺服电机的主要性能参数

性能参数	机型 ECMA						
	C△04	C△06		C△08		C△09	
	01	02	04□S（标准轴径）	04	07	07	10
额定功率/kW	0.1	0.2	0.4	0.4	0.75	0.75	1.0
额定转矩/N·m	0.32	0.64	1.27	1.27	2.39	2.39	3.18
最大转矩/N·m	0.96	1.92	3.82	3.82	7.16	7.14	8.78
额定转速/(r/min)	3000						
最高转速/(r/min)	5000					3000	
额定电流(rms)/A	0.90	1.55	2.60	2.60	5.10	3.66	4.25
瞬时最大电流(rms)/A	2.70	4.65	7.80	7.80	15.3	11	12.37
每秒最大功率/(kW/s)	27.7	22.4	57.6	24.0	50.4	29.6	38.6
转子惯量($\times 10^{-4}$)/kg·m^2	0.037	0.177	0.277	0.68	1.13	1.93	2.62
机械常数/ms	0.75	0.80	0.53	0.74	0.63	1.72	1.20
扭矩常数 KT/(N·m/A)	0.36	0.41	0.49	0.49	0.47	0.65	0.75
电压常数 KE/[mV/(r/min)]	13.6	16.0	17.4	18.5	17.2	24.2	27.5
电机阻抗/Ω	9.30	2.79	1.55	0.93	0.42	1.34	0.897
电机感抗/mH	24.0	12.07	6.71	7.39	3.53	7.55	5.7
电气常数/ms	2.58	4.30	4.30	7.96	8.36	5.66	6.35

与步进电机类似，伺服电机也无法直接供电使用，必须选择与其搭配的伺服驱动器。与上述伺服电机所搭配的伺服驱动器型号命名规则如图 11.7 所示。其中，需要注意的是输入电压及相数，以及额定输出功率，所选驱动器的输出功率最好与伺服电机的额定功率一致。单相 220 V 输入方式较为常见；而三相 220 V 需要通过三相 380 V 变压得到，多见于进口设备中。

伺服电机驱动器的主要性能参数如表 11.2 所示。

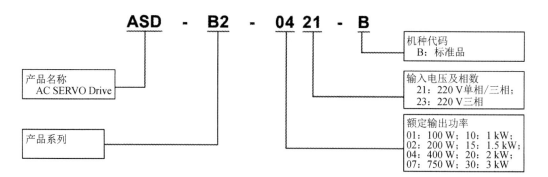

图 11.7 伺服电机驱动器型号命名规则

表 11.2 伺服电机驱动器的主要性能参数

性能参数		机型 ASDA-B2 系列							
		100 W	200 W	400 W	750 W	1 kW	1.5 kW	2 kW	3 kW
		01	02	04	07	10	15	20	30
电源	相数（电压）	三相：170～255 V AC；单相：200～255 V AC						三相：170～ 255 V AC	
	输入电流(3PH)/A	0.7	1.11	1.86	3.66	4.68	5.9	8.76	9.83
	输入电流(1PH)/A	0.9	1.92	3.22	6.78	8.88	10.3	—	—
	连续输出电流/A	0.9	1.55	2.6	5.1	7.3	8.3	13.4	19.4
冷却方式		自然冷却				风扇冷却			
编码器解析数/回授解析数		17 bit(160 000 p/rev)							
主回路控制方式		SVPWM 控制							
操控模式		手动/自动							
回生电阻		无			内建				
位置控制模式	最大输入脉冲频率	差动传输方式：500 kb/s(低速)，4 Mb/s(高速)；开集极传输方式：200 kb/s							
	脉冲指令模式	脉冲＋符号；A 相＋B 相；CCW 脉冲＋CW 脉冲							
	指令控制方式	外部脉冲控制							
	指令平滑方式	低通平滑滤波							
	电子齿轮比	电子齿轮比：$\dfrac{N}{M}$，限定条件为 $\dfrac{1}{50}<\dfrac{N}{M}<25\,600$，其中 N 为 $1\sim(2^{26}-1)$，M 为 $1\sim(2^{31}-1)$							
	转矩限制	参数设定方式							
	前馈补偿	参数设定方式							

续表

性能参数			机型 ASDA-B2 系列							
			100 W	200 W	400 W	750 W	1 kW	1.5 kW	2 kW	3 kW
			01	02	04	07	10	15	20	30
速度控制模式	模拟指令输入	电压范围	$-10\sim+10$ V DC							
		输入阻抗	10 kΩ							
		时间常数	2.2 μs							
	速度控制范围		1∶5000							
	指令控制方式		外部模拟指令控制/内部缓存器控制							
	指令平滑方式		低通及 S 曲线平滑滤波							
	转矩限制		参数设定方式或模拟输入							
	带宽		最大 550 Hz							
	速度校准率		外部负载额定变动(0%~100%)最大 0.01%							
			电源±10%变动最大 0.01%							
			环境温度(0~50℃)最大 0.01%							
扭矩控制模式	模拟指令输入	电压范围	$-10\sim+10$ V DC							
		输入阻抗	10 kΩ							
		时间常数	2.2 μs							
	指令控制方式		外部模拟指令控制/内部缓存器控制							
	指令平滑方式		低通平滑滤波							
	速度限制		参数设定方式或模拟输入							
模拟监控输出			可参数设定监控信号(输出电压范围：$-8\sim+8$ V)							
数字量输入/输出	输入		伺服启动、异常重置、增益切换、脉冲清除、零速度钳制、命令输入、反向控制、扭矩限制、速度限制、速度命令选择、速度/位置混合模式命令选择切换、速度/扭矩混合模式命令选择切换、扭矩/位置混合模式命令选择切换、紧急停止、正转/反转禁止极限、正/反方向运转扭矩限制、正转/反转点动输入、电子齿轮比分子选择、脉冲输入禁止							
	输出		A、B、Z 线驱动(Line Driver)输出							
			伺服备妥、伺服启动、零速度检测、目标速度到达、目标位置到达、扭矩限制中、伺服警示、电磁刹车、过负载预警、伺服警告							

伺服电机驱动器的主要接口如图 11.8 所示。

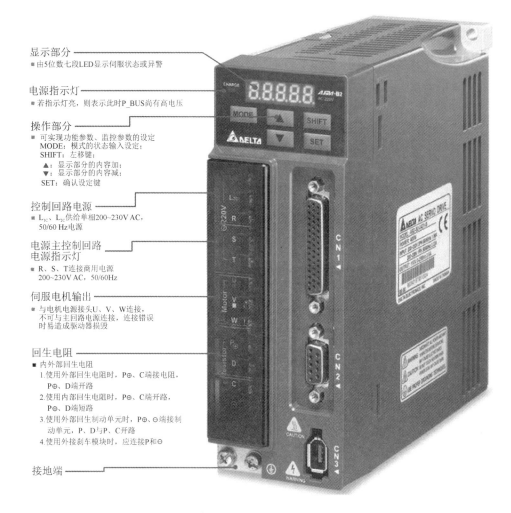

图 11.8　伺服电机驱动器的主要接口示意图

2. 伺服电机接线

伺服电机与驱动器的接线主要包括主回路接线和编码器接线。

主回路接线如图 11.9 所示，单相电源通过滤波器接入驱动器的 R、S 端子，为主回路供电，同时分别从 R、S 端子引到 L_{1C}、L_{2C}，为控制回路供电，电机主回路电源线分别与驱动器的 U、V、W 端子相连。

伺服电机编码器接线如图 11.10 所示，主要通过快接插头与驱动器的 CN2 端口相连。

而驱动器与控制器的接线根据控制方式的不同，稍有区别。这里以位置模式的接线方式为例进行说明。如图 11.11 所示，与脉冲控制相关的引脚主要有 37(/SIGN)、39(SIGN)、41(/PULSE)、43(PULSE)。其中 37 和 39 引脚是方向信号输入端子，41 和 43 引脚是脉冲信号输入端子。

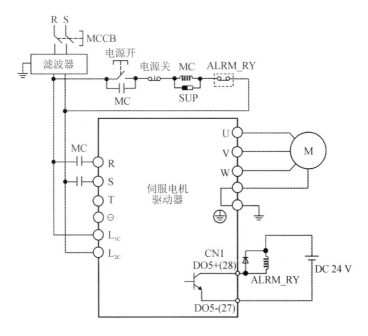

图 11.9　伺服电机主回路接线示意图

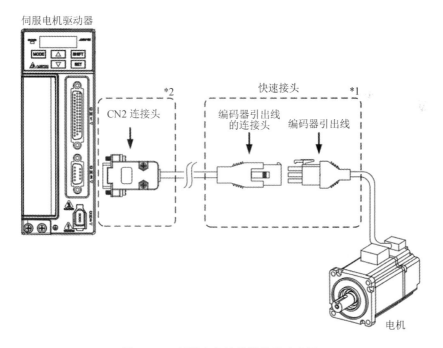

图 11.10　伺服电机编码器接线示意图

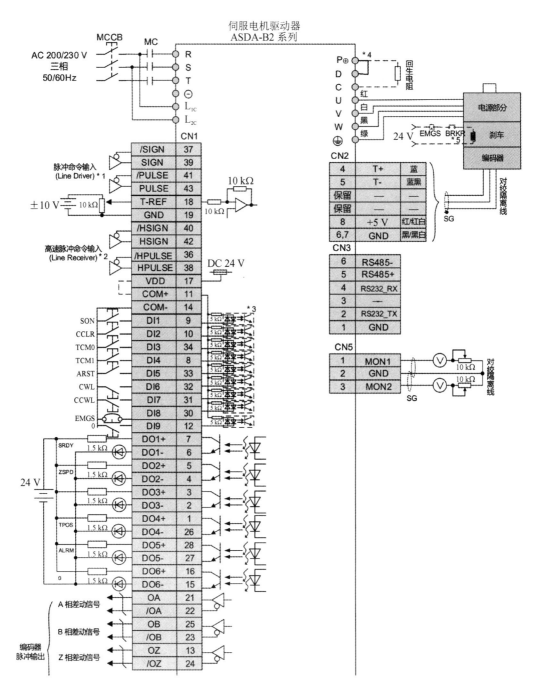

图 11.11　伺服电机位置控制模式接线示意图

根据控制器数字量输出方式的不同,上述几个引脚的接线方式稍有区别,若控制器输出低电平有效的脉冲串,则其接线方式如图 11.12 所示。其中,公共端 35 引脚接电源正极,方向信号接入 37 引脚,脉冲信号接入 41 引脚,同时控制器输出模块的公共端接电源负极。

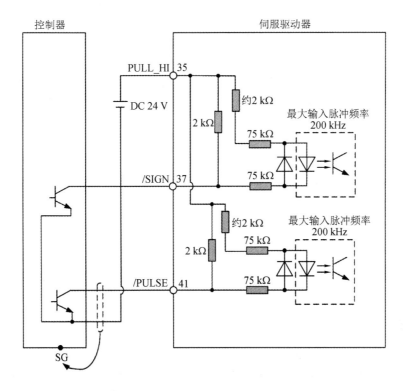

图 11.12　NPN 脉冲信号接线示意图

若控制器输出高电平有效的脉冲串，则其接线方式如图 11.13 所示。其中，公共端 35 引脚接电源负极，方向信号接入 39 引脚，脉冲信号接入 43 引脚，同时控制器输出模块的公共端接电源正极。

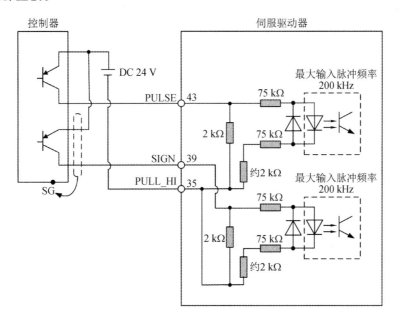

图 11.13　PNP 脉冲信号接线示意图

11.3　控制实践软件基础

伺服电机点动控制所涉及的软件指令与第 9 章的一致，需调用脉冲输出指令（PLS）和脉冲串输出指令（PTO），编程步骤也如 9.3.3 小节所示。与步进电机的细分调节类似，伺服电机可通过设置电子齿轮比实现同样的脉冲指令输出不同的转速，具体设置过程如下（以台达 ASDA-B2 系列驱动器为例）：

第一步：驱动器上电后，点按操作面板上的"MODE"按键，至数显上出现"P0-00"字样，然后点按"SHIFT"按键，字样变为"P1-00"，再点按"▲"按键，字样变为"P1-44"，接着点按"SET"按键，此时数显上出现的数字就是电子齿轮比的分子 N。根据实际控制需求点按"▲"或"▼"至设定值后，点按"SET"按键，此时数显上出现"SAVED"，说明电子齿轮比的分子已设置成功。

第二步：退回至"P1-44"字样后，点按"▲"按键，数显上出现"P1-45"字样，然后点按"SET"按键，此时数显上出现的数字就是电子齿轮比的分母 M。根据实际控制需求点按"▲"或"▼"至设定值后，点按"SET"按键，此时数显上出现"SAVED"，说明电子齿轮比的分母已设置成功。若出现"Srvon"字样，则说明此时伺服电机处于使能状态，修改不成功，须解除使能状态后，才可以修改此项数值。

第三步：按照第 9 章所示的步骤，完成 PLC 梯形图的编写，如图 11.14 所示。当点按

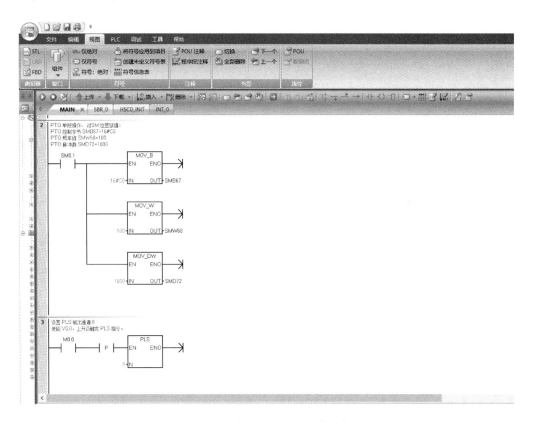

图 11.14　伺服电机点动程序示例

触点时，伺服电机正转；断开触点后，电机立即停止。

此外，需要进一步说明的是，电子齿轮比一般用于实现脉冲个数到滚珠丝杠滑台运动的位移间的转换。例如，丝杠导程为 5 mm/r，而伺服电机旋转一周需要的脉冲个数是 160 000，这就意味着每发出一个脉冲，丝杠滑台运动 5/160 000 mm，在实际控制时难以计算。若此时设置电子齿轮比为 160 000/5，则可实现每发送一个脉冲，滚珠丝杠滑台运动位移 1 mm。但为了避免伺服电机出现暴冲，一般设定的电子齿轮比的范围为 1/50～25 600。本实例中，电子齿轮比设定为 160/5。

思 考 题 11

基于第 9 章的思考题，将步进电机更换为伺服电机，编程实现第 9 章的控制任务，并描述硬件接线。

评分标准：

(1) 能按照指定的点动调试速度运行(70 分)；

(2) 能按照指定的正常运转速度运行(20 分)；

(3) 实现硬件接线描述(10 分)。

第 12 章　PLC 运动控制——伺服电机定位控制电气实践

【学习目标】

（1）了解运动控制向导的基本流程、参数设置方法，掌握运动控制向导的打开方式。

（2）了解运动控制向导导出的基本控制指令以及点动控制和绝对/相对定位控制的区别，掌握运动控制向导内的参数含义。

（3）掌握运动控制指令的引脚含义以及点动控制和绝对/相对定位控制的使用方法，能参考控制指令实现伺服电机定位控制。

（4）能创新设计伺服电机的运动控制程序，并能运用运动控制向导解决实践问题。

【本章导读】

本章主要介绍西门子 S7-200 Smart 系列 PLC 运动控制的第二种实现方式——运动控制向导，使读者更进一步掌握伺服电机运动控制流程和参数设置方法。本章以运动控制向导的主要环节和导出的控制指令使用方法为基础，提供伺服电机定位控制实例，读者需要结合控制实例及利用相关控制指令实现伺服电机的运动控制。

12.1　伺服电机定位控制的典型应用

伺服电机定位控制通常用于需要对负载在直线位移或旋转角度上进行精确定位控制的场合。图 12.1(a)所示为桁架机器人，此类机器人主要用于工业生产线上多台设备之间，可有效解决生产线的快速上料和下料、工件的翻转与制造等诸多问题。此类机器人的水平移动和竖直移动都由伺服电机所驱动，由于设备高度和间距不同，因此需要精确的定位控制。图 12.1(b)所示为大型数控激光切割机，该切割机一般根据设定的路径切割工件，在切割过程中需要精确的定位控制。

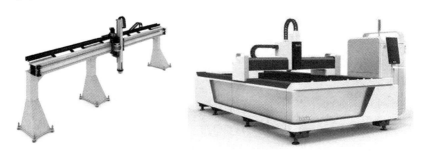

(a) 桁架机器人　　　　　　　　　　　(b) 大型数控激光切割机

图 12.1　伺服电机定位控制的典型应用

12.2　控制实践硬件基础

伺服电机定位控制所涉及的硬件除了第 11 章所介绍的伺服电机外，还需要考虑传动系统。与步进电机定位控制类似，实现直线运动的传动系统主要有同步带型直线模组和滚珠丝杠型直线模组，相关内容详见 10.2 节，这里不再赘述。除此之外，还有可实现长行程的齿轮齿条传动系统，以及可实现回转运动的齿轮传动系统。两者本质上都是靠齿的啮合实现运动和动力传递的。其中，齿轮齿条将齿轮的回转运动转变为齿条的往复直线运动，适用于重负荷、高精度、高刚性、高速度和长行程的 CNC 机床、加工中心、切割机械、焊接机械等场合。齿轮齿条传动在工厂自动化快速移栽机械、工业机器人手臂抓取机构等重载环节也有大量的应用。

12.3　控制实践软件基础

本章的运动控制向导方法与第 10 章的相同，这里不再赘述。下面通过两个实例演示伺服电机定位控制的编程过程。

【例 12.1】　某数控装备中采用伺服电机驱动工作台进给，进给过程是先快进到指定位置，再慢进到传感器反馈信号，其中快进速度为 0.5 m/s，慢进速度为 10 mm/s，快进位移为 600 mm，丝杠滑台的导程为 5 mm，所选择的伺服电机每转需要 17 万个脉冲。请设计相关的控制程序，实现上述控制任务。

1. 控制任务分析

由丝杠滑台的导程和控制速度需求可知，伺服电机的转速为 6000 r/min（快进）、120 r/min（慢进）；由伺服电机每转所需脉冲数可知，控制器发送的脉冲频率为 17 000 kHz（快进）、340 kHz（正常运转）；而根据第 9 章相关内容可知，S7-200 Smart 系列 PLC 的脉冲输出口最高频率为 100 kHz。控制需求的脉冲频率远远大于硬件的上限，因此需要设置电子齿轮比，实现硬件脉冲频率的"增速"。根据丝杠滑台的导程及上述脉冲频率值，推荐电子齿轮为 1700/5。若采用上述数值，则控制器只需发出 50 kHz 的脉冲即可实现快速进给的需求，同时每发送一个脉冲，丝杠滑台前进 0.01 mm。

2. 编程步骤

采用运动控制向导编程，操作界面与 10.3.2 节的一致，主要步骤如下：

（1）点击"工具"选项卡里的"运动"模块，或者选择树形图里"向导"下的"运动"选项，进入向导设置界面。

（2）选择要组态的轴。由于本实例中只需要控制一台伺服电机，因此只需组态轴 0，其对应的 PLC 数字量输出接口是 Q0.0。勾选"轴 0"后，左侧菜单中相应的轴下面会出现进一步需要组态的功能。

（3）点击"下一个"按钮后，会询问是否需要修改运动轴的命名，这里可修改为"进给轴"。

（4）点击"下一个"按钮，进入测量系统选择界面。本实例中，选择"工程单位"，设定工程单位为"mm"。此外，还需设定"电机一次旋转所需的脉冲数"和"电机一次旋转产生多少

'mm'的运动"。本实例中，设定脉冲数为 500，丝杠滑台导程为 5 mm。

（5）点击"下一个"按钮，进入方向控制设定界面。本实例中，选择"单相（2 输出）"，即其中一个输出脉冲信号，另一个输出方向信号。选择后，系统将自动分配方向信号的地址为 Q0.2。

（6）点击"下一个"按钮，在出现的界面中对各输入点进行组态。本实例中，需要定义上、下极限点和电气原点，这里分别选择 I0.0、I0.1、I0.2；还需选择触发上、下极限点时电机的停止方式，为了减轻惯性的影响，这里选择"减速停止"。

出于安全性的考虑，急停点设置为 I1.0，外部硬件连接按钮开关，当按压该按钮时，触发伺服电机的停止程序。

（7）对伺服电机的运动速度进行组态。由于前面定义的工程单位是 mm，因此这里的速度单位直接换算成了 mm/s，而这里最大速度的极限值设置为 550 mm/s。

（8）对点动调试速度进行组态。其中，"速度"选框中填入 10 mm/s，"增量"选框中填入 1 mm。

（9）定义加减速时间，这里设定为 500 ms。

（10）设定急停补偿和反冲补偿。急停补偿设定为 10 ms；反冲补偿无需设置。

（11）启动电气原点，并设定回原点的速度为 50 mm/s、检测到原点信号后的最终定位速度为 1 mm/s，方向选择默认设置。

（12）跳过读取位置后，组态伺服电机的运动曲线。"添加"曲线后，选择"绝对位置"。第一步设定目标速度为 500 mm/s，终止位置为 600 mm；第二步设定目标速度为 10 mm/s，终止位置为 620 mm。

（13）为上述组态过程中所填写的数据分配存储器。本实例中，设定为 VB112-VB223。

（14）组态完成后，会展示所有生成的子程序名和硬件接口；核对无误后，即可点击"生成"按钮。

（15）生成后，在软件界面的树形图中会出现所有的运动控制子程序，按照要求分别调用即可。

【例 12.2】 某自动装配流水线中，伺服电机通过传动比为 200 的多级减速机构驱动六工位装配台旋转，六工位间隔 60° 均匀分布，旋转过程是先快速旋转 55°，再慢速旋转 5°，装配台快速旋转的时间为 1 s，慢速旋转的时间为 0.5 s，所选择的伺服电机每转需要 17 万个脉冲。请设计相关的控制程序，实现上述控制任务。

1. 控制任务分析

由传动机构的传动比和装配台旋转速度需求可知，伺服电机的转速约为 1833 r/min（快转）、333 r/min（慢转）；由伺服电机每转所需脉冲数可知，控制器发送的脉冲频率为 5193.5 kHz（快转）、943.5 kHz（慢转）。推荐电子齿轮比为 850/9。若采用上述数值，则控制器只需发出 55 kHz 的脉冲即可实现快速旋转的需求，同时每发送一个脉冲，装配台旋转 0.001°。

2. 编程步骤

采用运动控制向导编程，主要步骤基本与例 12.1 的一致，具体如下：

（1）点击"工具"选项卡里的"运动"模块，进入向导设置界面。

（2）选择要组态的轴。由于本实例中只需要控制一台伺服电机，因此只需组态轴 0，其对应的 PLC 数字量输出接口是 Q0.0。勾选"轴 0"后，左侧菜单中相应的轴下面会出现进一步需要组态的功能。

（3）点击"下一个"按钮，将运动轴的名称修改为"装配台"。

（4）点击"下一个"按钮，在出现的界面中选择"工程单位"，并设定工程单位为"度"，旋转一周所需的脉冲数为 1800，以及旋转一周产生 1.8 单位的运动（本质上就是电机旋转一周，而实际上装配台旋转了多少角度）。

（5）点击"下一个"按钮，在出现界面中的"相位"栏里选择"单相（1 输出）"，即只有一个输出脉冲信号。

（6）点击"下一个"按钮，在出现的界面中对各输入点进行组态。由于装配台只朝一个方向连续旋转，因此无需组态上极限点（LMT＋）和下极限点（LMT－），但需要定义电气原点（RPS）和急停点（STP），这里分别选择 I0.0 和 I0.1。触发急停点时，电机的停止方式选择"立即停止"。

（7）对伺服电机的运动速度进行组态。由于前面定义的工程单位是度，因此这里的速度单位直接换算成了度/s，而这里最大速度的极限值设置为 60 度/s。

（8）对点动调试速度进行组态。其中，"速度"选框中填入 1 度/s，"增量"选框中填入 1 度。

（9）定义加减速时间，这里设定为 50 ms。

（10）设定急停补偿和反冲补偿。急停补偿设定为 5 ms；反冲补偿不需要设置。

（11）启动电气原点，并设定回原点的速度为 10 度/s、检测到原点信号后的最终定位速度为 1 度/s，方向选择默认设置；同时，设置偏移量为 5 度，即当装配台回原点结束时，再偏转一定的角度作为零度起点，因为在机构设计时，往往会将原点传感器设置得偏离装配工位一定角度。

（12）跳过读取位置后，组态伺服电机的运动曲线。"添加"曲线后，选择"相对位置"。第一步设定目标速度为 55 度/s，终止位置为 55 度；第二步设定目标速度为 10 度/s，终止位置为 5 度。

（13）为上述组态过程中所填写的数据分配存储器。本实例中，设定为 VB112-VB223。

（14）组态完成后，会展示所有生成的子程序名和硬件接口；核对无误后，即可点击"生成"按钮。

（15）生成后，在软件界面的树形图中会出现所有的运动控制子程序，按照要求分别调用即可。

思 考 题 12

某立体停车库采用伺服电机驱动直线滑台，实现车位的上升和下降。现滑台上升和下降的速度都是 10 mm/s，丝杠滑台的导程为 20 mm，伺服电机通过传动比为 30 的减速机构驱动滑台，所选择的伺服电机每转需要 17 万个脉冲。车位升降极限为 4 m，当超过行程时，伺服电机立即停止。当车位下方出现人等紧急情况时，下行被禁止但可上行，且车位上有急停按钮，点按时伺服电机立即停止。请设计相关的控制程序，实现上述控制任务。

评分标准：

（1）能完成向导操作，并按照指定的速度正常运行（70 分）；

（2）实现立即停止和紧急停止操作（20 分）；

（3）实现立即停止后的反向点动操作（10 分）。

第 13 章　PLC 逻辑控制综合实践

【学习目标】

（1）了解综合性逻辑编程的基本流程和 I/O 信号分配表的设置方法。

（2）掌握综合性逻辑控制任务的分析方法。

（3）能使用简单逻辑控制指令实现复杂控制需求，并能创新设计综合性逻辑控制程序，运用逻辑控制程序解决实践问题。

【本章导读】

本章主要通过两个综合性逻辑控制实例，介绍逻辑控制任务的分析方法与 I/O 信号分配表的设置方法，并通过展示从简单逻辑到复杂逻辑的编程过程，使读者进一步掌握综合性逻辑控制的解析思维和编程流程。本章以电机顺序启停控制实例和蓄水池液位控制实例为基础，读者需要结合控制实例及利用相关方法，进一步拓展思考不同的综合性逻辑控制需求。

13.1　电机顺序启停控制实例

【例 13.1】　某输运线上有三台电机，分别为 M1、M2 和 M3。在执行输运任务时，要求先启动 M1，经过一段时间，将足量的货物运输到料斗中后再启动 M2，再过一段时间后启动 M3，转运从 M2 输运过来的货物。停止工作时，也是先停止 M1，再停止 M2，最后停止 M3，以确保输运线上所有的货物都输运完成。为了降低成本，上述控制过程全部采用延时控制，请基于 S7-200 Smart 系列 PLC，编程实现上述控制要求。

1. 任务分析

根据前面章节的一些基础知识可知，要实现电机的启停控制，首先要有启动按钮和停止按钮，然后通过继电器和接触器来控制电机供电电路的通断，最后通过常规的逻辑指令（实现自锁控制）和定时器指令来实现延时通断控制；为了安全起见，还需额外设置一个急停按钮。

由上述分析可知，本任务的 I/O 信号分配如表 13.1 所示。

表 13.1　I/O 信号分配

输入设备	地址	输出设备	地址
启动按钮	I0.0	M1 中间继电器	Q0.0
停止按钮	I0.1	M2 中间继电器	Q0.1
急停按钮	I0.2	M3 中间继电器	Q0.2

2. 编程实现

（1）点按启动按钮 I0.0 后，电机 M1 持续运转，自锁逻辑梯形图如图 13.1 所示。

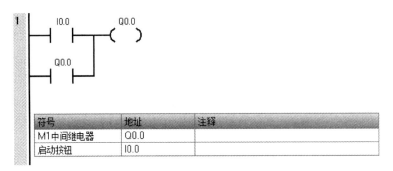

图 13.1　M1 启动自锁逻辑梯形图

（2）考虑在电机 M1 启动的同时开始定时，因此将图 13.1 中的程序段 1 改写为图 13.2 所示的形式，即在 M1 启动的同时延时启动定时器 T33 开始定时，定时时间为 5 s。

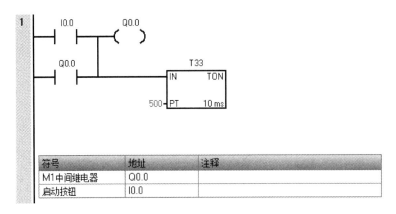

图 13.2　M1 启动定时梯形图

（3）定时结束时，启动电机 M2，梯形图如图 13.3 所示。

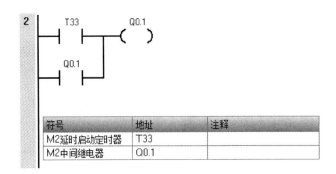

图 13.3　M2 延时启动梯形图

（4）当电机 M2 运行时，延时启动定时器 T34 开始定时，定时时间为 5 s；定时结束时，启动电机 M3。相关梯形图如图 13.4 和图 13.5 所示。

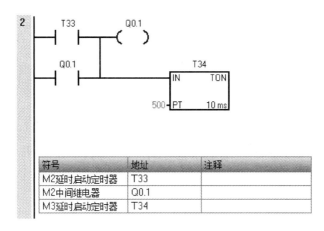

图 13.4　M2 定时梯形图

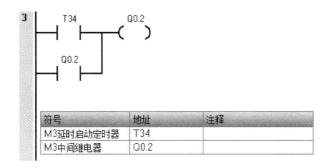

图 13.5　M3 延时启动梯形图

（5）通过上述三个程序段即可实现点按启动按钮 I0.0，三个电机依次延时启动的功能。下面进一步考虑点按停止按钮时的控制程序。当点按停止按钮时，电机 M1 立即停止，因此将图 13.2 中的程序段 1 修改为图 13.6 所示的形式。

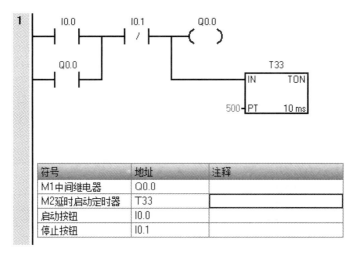

图 13.6　M1 停止梯形图

　　（6）如图 13.6 所示，电机 M1 立即停止，此时定时器 T33 也立即断开，但电机 M2 处于自锁状态，因此仍在运行。要实现延时断开，可将图 13.6 中的程序段 1 和图 13.4 中的程序段 2 分别修改为图 13.7 和图 13.8 所示的形式。

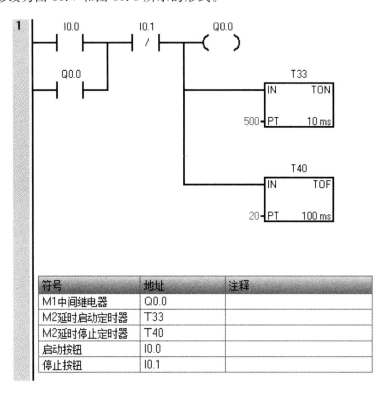

符号	地址	注释
M1中间继电器	Q0.0	
M2延时启动定时器	T33	
M2延时停止定时器	T40	
启动按钮	I0.0	
停止按钮	I0.1	

图 13.7　延时断开定时器梯形图

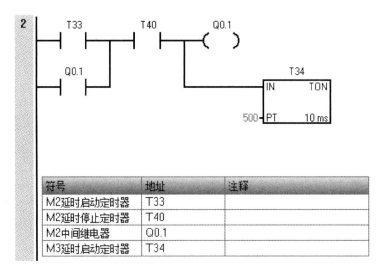

符号	地址	注释
M2延时启动定时器	T33	
M2延时停止定时器	T40	
M2中间继电器	Q0.1	
M3延时启动定时器	T34	

图 13.8　M2 延时断开梯形图

（7）同理，要实现电机 M3 延时断开，可将图 13.8 中的程序段 2 和图 13.5 中的程序段 3 分别修改为图 13.9 和图 13.10 所示的形式。

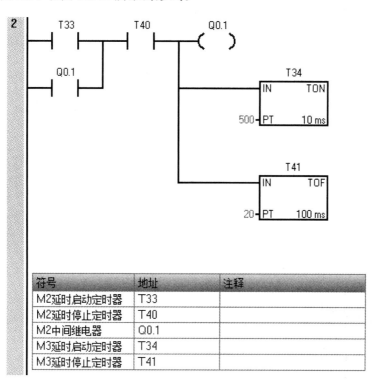

符号	地址	注释
M2延时启动定时器	T33	
M2延时停止定时器	T40	
M2中间继电器	Q0.1	
M3延时启动定时器	T34	
M3延时停止定时器	T41	

图 13.9　第二个延时断开定时器梯形图

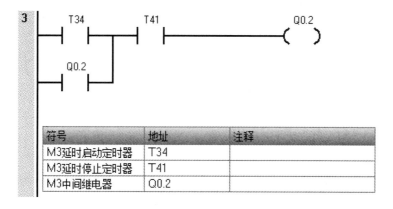

符号	地址	注释
M3延时启动定时器	T34	
M3延时停止定时器	T41	
M3中间继电器	Q0.2	

图 13.10　M3 延时断开梯形图

（8）考虑安全情况，要实现点按急停按钮 I0.2，所有电机立即停止的功能，则将上述程序段修改为图 13.11 至图 13.13 所示的形式。

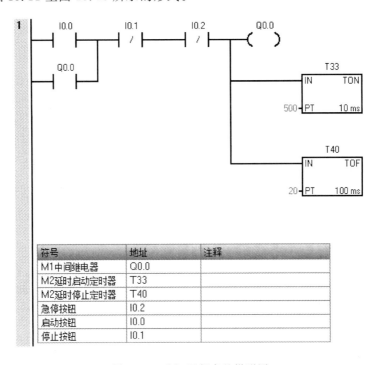

符号	地址	注释
M1中间继电器	Q0.0	
M2延时启动定时器	T33	
M2延时停止定时器	T40	
急停按钮	I0.2	
启动按钮	I0.0	
停止按钮	I0.1	

图 13.11　M1 运行完整梯形图

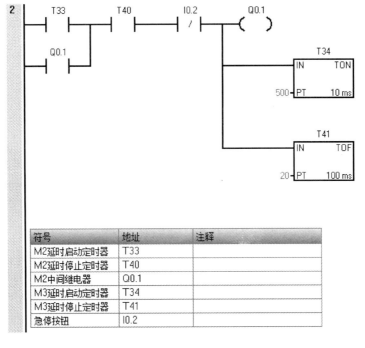

符号	地址	注释
M2延时启动定时器	T33	
M2延时停止定时器	T40	
M2中间继电器	Q0.1	
M3延时启动定时器	T34	
M3延时停止定时器	T41	
急停按钮	I0.2	

图 13.12　M2 运行完整梯形图

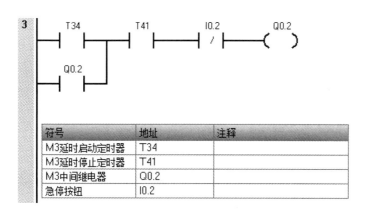

图 13.13　M3 运行完整梯形图

13.2　蓄水池液位控制实例

【例 13.2】　某自动装备由于垂直高度较高，其冷却系统需要高低分布的三个蓄水池循环工作，这三个蓄水池从低到高分别为一蓄水池、二蓄水池和三蓄水池，电机 M1 用于从一蓄水池向二蓄水池抽水，电机 M2 用于从二蓄水池向三蓄水池抽水，电机 M3 用于从三蓄水池向设备输送冷却液，使用后的冷却液直接回到一蓄水池。每个蓄水池都有低位传感器和高位传感器，可以发出相应的开关量信号。设备的主电机是 M4，需确保当 M4 工作时，有持续的冷却液能输送到设备，但各蓄水池都不能溢出。请基于 S7-200 Smart 系列 PLC，编程实现上述控制要求。

1. 任务分析

由控制任务可知，需要通过液位传感器实现电机 M1 和 M2 的启停控制，特别当电机 M4 在运转时，必须保证三蓄水池的液位在正常范围内。

由上述分析可知，本任务的 I/O 信号分配如表 13.2 所示。

表 13.2　I/O 信号分配

输入设备	地址	输出设备	地址
启动按钮	I0.0	M1 中间继电器	Q0.0
停止按钮	I0.1	M2 中间继电器	Q0.1
一蓄水池低位传感器	I0.2	M3 中间继电器	Q0.2
一蓄水池高位传感器	I0.3	M4 中间继电器	Q0.3
二蓄水池低位传感器	I0.4	冷却液不足示警	Q0.4
二蓄水池高位传感器	I0.5	急停指示灯	Q0.5
三蓄水池低位传感器	I0.6		
三蓄水池高位传感器	I0.7		
急停按钮	I1.0		

2. 编程实现

（1）点按启动按钮 I0.0 后，电机 M4 持续运转，自锁逻辑梯形图如图 13.14 所示。

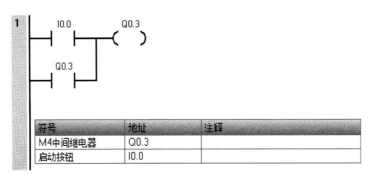

符号	地址	注释
M4中间继电器	Q0.3	
启动按钮	I0.0	

图 13.14　电机 M4 启动运行梯形图

（2）当电机 M4 运转时，强制电机 M3 运转，使冷却液能输运到设备端，梯形图如图 13.15 所示。

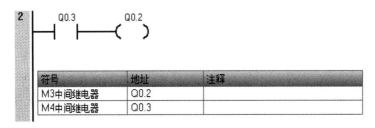

符号	地址	注释
M3中间继电器	Q0.2	
M4中间继电器	Q0.3	

图 13.15　电机 M3 启动运行梯形图

（3）当三蓄水池的液位处于低位时，强制启动电机 M2，使冷却液能补充到三蓄水池，而当三蓄水池的液位处于高位时，需立即停止电机 M2，避免三蓄水池中的冷却液溢出，梯形图如图 13.16 所示。

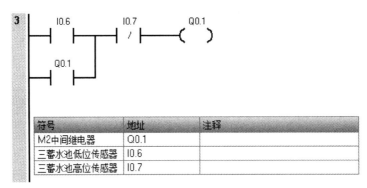

符号	地址	注释
M2中间继电器	Q0.1	
三蓄水池低位传感器	I0.6	
三蓄水池高位传感器	I0.7	

图 13.16　电机 M2 启动运行梯形图

（4）当二蓄水池的液位处于低位时，强制启动电机 M1，使冷却液能补充到二蓄水池，而当二蓄水池的液位处于高位时，需立即停止电机 M1，避免二蓄水池中的冷却液溢出，梯形图如图 13.17 所示。

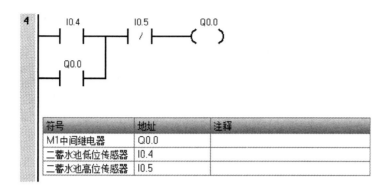

图 13.17　电机 M1 启动运行梯形图

（5）考虑当一蓄水池的液位处于低位时，要强制停止电机 M1，避免一蓄水池中的冷却液不足，因此将图 13.17 中的程序段 4 修改为图 13.18 所示的形式。

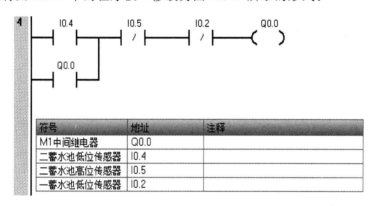

图 13.18　电机 M1 运行条件修改梯形图

（6）实际上，当一蓄水池的液位处于高位时，也要强制启动电机 M1，避免一蓄水池中的冷却液溢出，因此将图 13.18 中的程序段 4 修改为图 13.19 所示的形式。

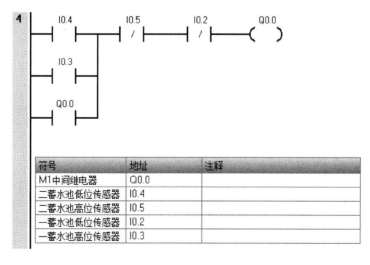

图 13.19　电机 M1 运行条件第二次修改梯形图

（7）当二蓄水池和三蓄水池的液位处于高位时，分别强制停止电机 M1 和电机 M2，已确保冷却液不会溢出，因此无须强制启动上一级电机。但此时可能存在一种极限工况，即一蓄水池和二蓄水池都处于高液位情况，而三蓄水池未触发低液位状态，电机 M2 不会运转，电机 M1 也停止运转，一蓄水池可能会溢出，因此电机 M2 的运转条件需修改为"只要三蓄水池的液位不处于高位，就持续运转"。另一方面，当一蓄水池和二蓄水池的液位同时处于低位时，电机 M1 停止运转，电机 M2 仍持续运转，二蓄水池中的冷却液可能会被抽干，若出现这种情况，则说明整个系统的冷却液不足，要输出报警信号，因此图 13.16 中的程序段 3 修改为图 13.20 所示的形式。

图 13.20　电机 M2 运行条件修改梯形图

（8）考虑停止按钮、急停按钮和示警信号，上述程序修改为图 13.21 至图 13.26 所示的形式。

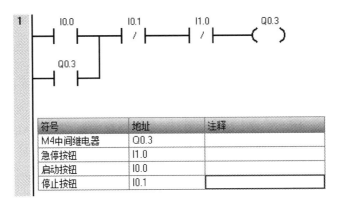

图 13.21　电机 M4 运行完整梯形图

图 13.22　电机 M3 运行完整梯形图（未修改）

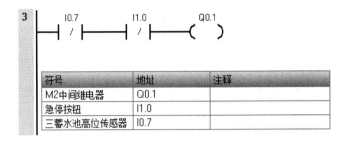

符号	地址	注释
M2中间继电器	Q0.1	
急停按钮	I1.0	
三蓄水池高位传感器	I0.7	

图 13.23　电机 M2 运行完整梯形图

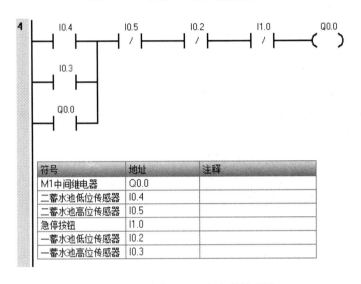

符号	地址	注释
M1中间继电器	Q0.0	
二蓄水池低位传感器	I0.4	
二蓄水池高位传感器	I0.5	
急停按钮	I1.0	
一蓄水池低位传感器	I0.2	
一蓄水池高位传感器	I0.3	

图 13.24　电机 M1 运行完整梯形图

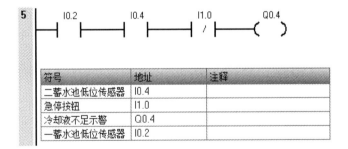

符号	地址	注释
二蓄水池低位传感器	I0.4	
急停按钮	I1.0	
冷却液不足示警	Q0.4	
一蓄水池低位传感器	I0.2	

图 13.25　冷却液不足示警梯形图

符号	地址	注释
急停按钮	I1.0	
急停指示灯	Q0.5	

图 13.26　急停状态示警梯形图

思 考 题 13

1. 在 13.1 节的控制实例中：

（1）若电机停止的顺序修改为 M3、M2 和 M1 依次停止，则梯形图该如何修改？

（2）若控制对象改为三种颜色的指示灯，要求三盏灯依次点亮，全部亮起后一段时间内再同时熄灭，则梯形图该如何修改？

（3）如果不能使用延时断开定时器，那么梯形图该如何修改？

（4）若正常运转时，电机 M2 和 M3 只能交替循环运行，即电机 M2 运行一段时间后停止，此时电机 M3 立即运行，再过一段时间后电机 M2 运行，M3 停止，进入循环，则梯形图该如何修改？

2. 在 13.2 节的控制实例中：

（1）若增加一个蓄水池和水泵电机，则梯形图该如何修改？

（2）若需要将其中的异常情况通过指示灯直观显示，则梯形图该如何修改？

（3）如果需要在电机 M4 启动前先输送一段时间的冷却液，当电机 M4 停止后仍需输送一段时间的冷却液，那么梯形图该如何修改？

（4）当出现极限的异常情况，即一蓄水池和二蓄水池的液位同时处于低位时，可以采用什么处理方式，使系统在此期间仍能正常运转？

第 14 章　PLC 运动控制综合实践

【学习目标】

（1）了解综合性运动控制编程的基本流程和多轴运动控制的设置方法。

（2）掌握综合性运动控制任务的分析方法。

（3）能创新设计综合性运动控制程序，并能运用运动控制程序解决实践问题。

【本章导读】

本章主要通过两个综合性运动控制实例，介绍运动控制任务在运动控制向导中的设置方法和子程序调用方法，并通过展示从单轴运动到多轴运动的编程过程，使读者进一步掌握综合性运动控制的解析思维和编程流程。本章以步进电机 XY 轴控制实例和伺服电机双轴同步控制实例为基础，读者需要结合控制实例及利用相关方法，进一步拓展思考不同的综合性运动控制需求。

14.1　步进电机 XY 轴控制实例

【例 14.1】　某 3D 打印机中，有两个步进电机分别控制打印头在 X 和 Y 方向移动，步进电机控制的是直线滑台，直线滑台的导程为 1 mm，移动速度设定范围为 30 mm/s～50 mm/s。当点击启动按钮后，两个步进电机按照所设定的速度驱动打印头实现边长为 100 mm 的正方形的绘制。请基于 S7-200 Smart 系列 PLC，编程实现上述控制任务。

1. 任务分析

根据前面章节的一些基础知识可知，要实现步进电机的运动控制，首先在硬件上要设定电气原点和极限运动点，然后通过运动控制向导实现编程。为了安全起见，还需额外设置一个急停按钮。

由上述分析可知，本任务的 I/O 信号分配如表 14.1 所示。

表 14.1　I/O 信号分配

输入设备	地址	输出设备	地址
启动按钮	I0.0	X 轴步进电机脉冲	Q0.0
停止按钮	I0.1	Y 轴步进电机脉冲	Q0.1
急停按钮	I0.3	X 轴步进电机方向	Q0.2

续表

输入设备	地址	输出设备	地址
X 轴左极限	I0.4	Y 轴步进电机方向	Q0.7
X 轴右极限	I0.5		
X 轴原点	I0.6		
Y 轴左极限	I0.7		
Y 轴右极限	I1.0		
Y 轴原点	I1.1		
回原点启动按钮	I1.2		

2. 编程实现

（1）参考 10.3.1 小节的内容，根据向导，设定相关参数，完成组态。映射关系如图 14.1 所示。

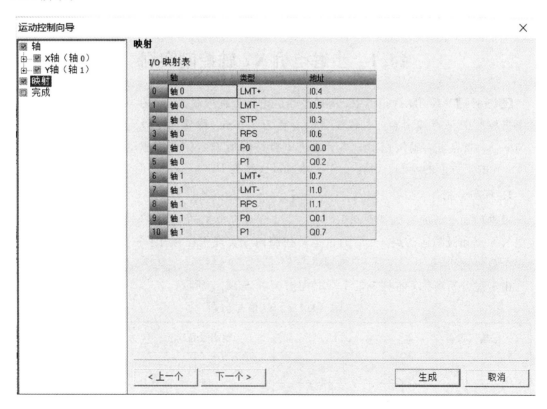

图 14.1　I/O 映射关系图

（2）启用和初始化两个运动轴，需调用 AXISx_CTRL 子程序，如图 14.2 和图 14.3 所示。

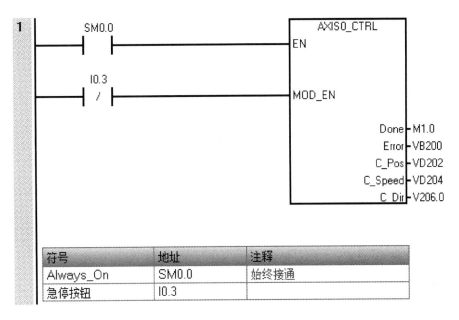

符号	地址	注释
Always_On	SM0.0	始终接通
急停按钮	I0.3	

图 14.2　X 轴初始化子程序调用梯形图

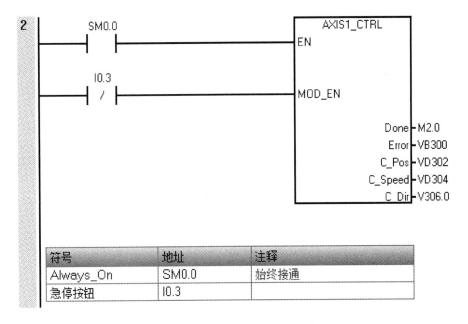

符号	地址	注释
Always_On	SM0.0	始终接通
急停按钮	I0.3	

图 14.3　Y 轴初始化子程序调用梯形图

（3）在正式运行前，通常需要执行回原点命令，以建立运动起点。当 X 轴回原点后，立即启动 Y 轴回原点指令，因此需要调用 AXISx_RSEEK 子程序，如图 14.4 所示。

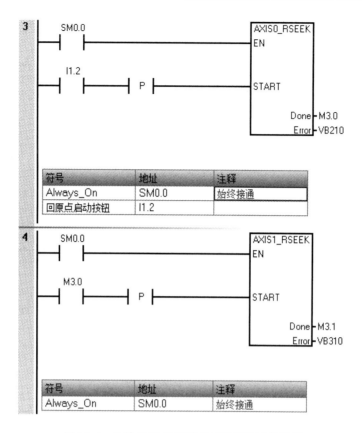

图 14.4　X 轴和 Y 轴回原点子程序调用梯形图

（4）从坐标零点开始，先控制 X 轴移动 100 mm，再控制 Y 轴移动 100 mm，然后控制 X 轴移动－100 mm，最后控制 Y 轴移动－100 mm，实现正方形绘制，这里需要调用 AXISx_GOTO 子程序，如图 14.5 至图 14.8 所示。

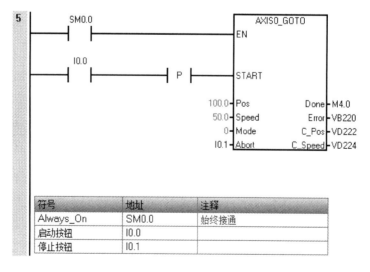

图 14.5　X 轴移动 100 mm 子程序调用梯形图

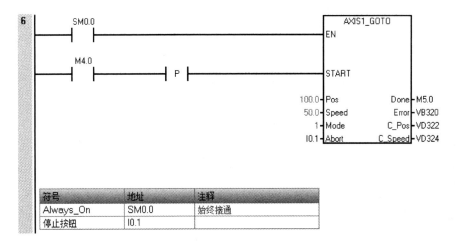

图 14.6 Y轴移动100 mm子程序调用梯形图

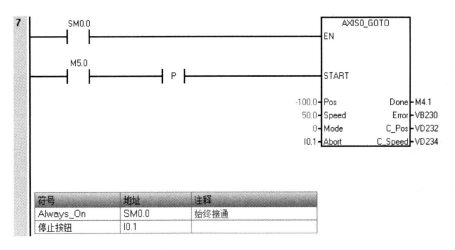

图 14.7 X轴移动－100 mm子程序调用梯形图

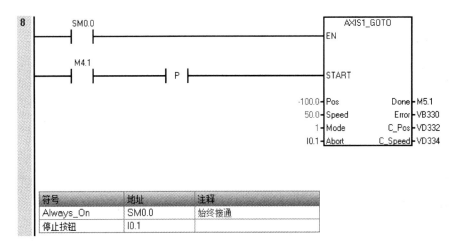

图 14.8 Y轴移动－100 mm子程序调用梯形图

（5）考虑安全情况，当点按急停按钮 I0.2 时，根据图 14.2 中的程序段 1 和图 14.3 中的程序段 2，运动轴启动子程序 AXISx_CTRL 立即被禁用，所有运动轴立即停止。

14.2　伺服电机双轴同步控制实例

【例 14.2】　某自动装备采用龙门装置实现大尺寸工件的加工，该龙门装置由两个规格完全一样的伺服电机同步驱动。运动指令同时发送给双轴（A 轴和 B 轴），在运行过程中，要求 B 轴根据 A 轴的实际运动位置实时进行调整。请基于 S7-200 Smart 系列 PLC，编程实现上述控制任务。

1. 任务分析

由控制任务可知，需要增加编码器来反馈两个轴的实际位置。当 B 轴编码器反馈的位置超过 A 轴时，降低 B 轴的运动速度；而当 B 轴编码器反馈的位置小于 A 轴时，增大 B 轴的运动速度。为了减少因调整而导致的振荡，需合理选择调整周期。

由上述分析可知，本任务的 I/O 信号分配如表 14.2 所示。

表 14.2　I/O 信号分配

输入设备	地址	输出设备	地址
A 轴编码器 A 相	I0.0	A 轴伺服电机脉冲	Q0.0
A 轴编码器 B 相	I0.1	B 轴伺服电机脉冲	Q0.1
B 轴编码器 A 相	I0.2	A 轴伺服电机方向	Q0.2
B 轴编码器 B 相	I0.3	B 轴伺服电机方向	Q0.7
A 轴原点	I0.4		
A 轴左极限	I0.5		
A 轴右极限	I0.6		
B 轴原点	I0.7		
B 轴左极限	I1.0		
B 轴右极限	I1.1		
空置	I1.2		
启动按钮	I1.3		
停止按钮	I1.4		
急停按钮	I1.5		

2. 编程实现

（1）参考 10.3.1 小节的内容，根据向导，设定相关参数，完成运动向导组态。此外，还要完成高速计数器向导组态，组态的计数器分别是 HSC0 和 HSC2，计数模式为 9。映射关系如图 14.9 和图 14.10 所示。

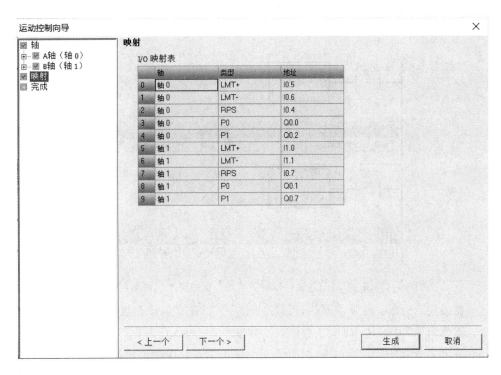

图 14.9　I/O 映射关系图

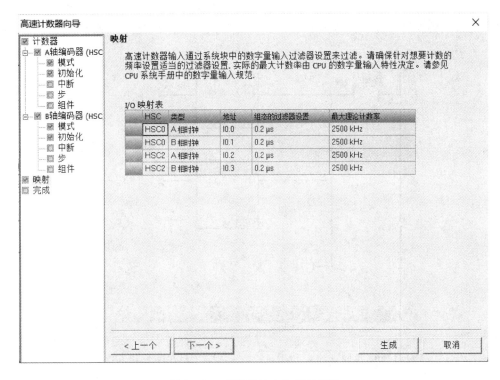

图 14.10　编码器输入映射关系图

（2）启用和初始化两个运动轴，需调用 AXISx_CTRL 子程序，可参考 14.1.1 小节。

（3）初始化高速计数器，需通过 SM0.1 辅助触点调用初始化子程序 HSCx_INIT，如图 14.11 所示。

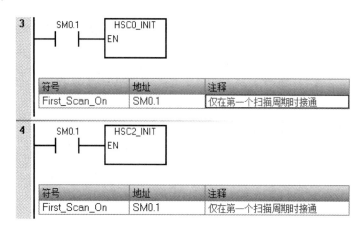

图 14.11　高速计数器初始化子程序调用梯形图

（4）在正式运行前，通常需要执行回原点命令，以建立运动起点。两个轴同时启动回原点指令，需调用 AXISx_RSEEK 子程序，可参考 14.1.1 小节。

（5）设定 A/B 轴运动参数，需调用 AXISx_GOTO 子程序，可参考 14.1.1 小节。

（6）如图 14.12 所示，设定定时中断，中断周期为 100 ms，即每隔 100 ms 调用中断程序 INT_0。如图 14.13 所示，在中断程序中比较高速计数器的寄存器 HC0 和 HC2 中的数值，并将不同的速度值传送到 B 轴运动指令相应的存储区（VD20）。B 轴定位运动指令如图 14.14 所示。

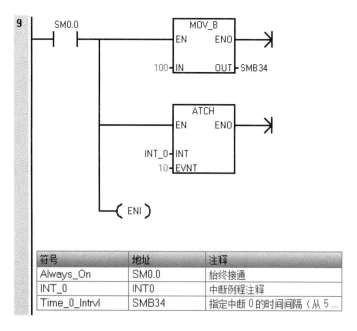

图 14.12　定时中断事件连接梯形图

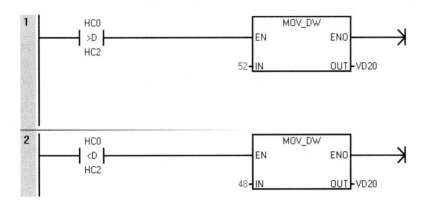

图 14.13　比较计数器数值梯形图

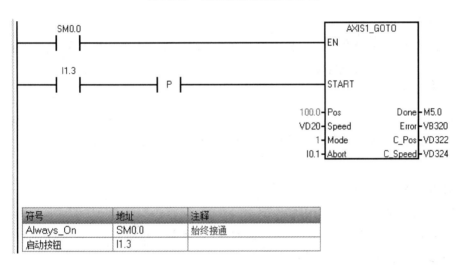

符号	地址	注释
Always_On	SM0.0	始终接通
启动按钮	I1.3	

图 14.14　B 轴定位运动指令梯形图

思 考 题 14

1. 在 14.1 节的控制实例中：

（1）若要实现回原点后立即绘制正方形的功能，则梯形图该如何修改？

（2）若要实现双轴每运动到一个指定位置后等待一段时间再运动到下一位置的功能，则梯形图该如何修改？

（3）若要实现双轴绘制正方形的循环控制，则梯形图该如何修改？

（4）若要实现双轴绘制圆形的控制，则梯形图该如何修改？

2. 在 14.2 节的控制实例中：

（1）若要实现读取 A/B 轴当前位置的功能，则梯形图该如何修改？

（2）若要通过高速计数器中断来调整速度，则梯形图该如何修改？

（3）若要实现 B 轴跟随 A 轴运动的功能，则梯形图该如何修改？

（4）若要提高 A/B 轴同步控制精度，则梯形图该如何修改？

附　　录

附录 A　电气设计竞赛指导书

A.1　竞赛总则及评分标准

1. 竞赛任务

根据所提供的工程实例题目，分析控制要求，选择电气硬件，设计电气控制方案并绘制完整的电气图纸，提供电气项目清单。

2. 任务要求

以组队方式参赛，每队人员不超过 3 人，竞赛成果必须以完整的电气图纸呈现并辅以技术总结报告书；标准元件可以直接搬用模型库中的模型；作品体现一定的原创性，不得直接搬用已有图纸。

3. 评分标准

评分人员：授课老师及其他组学生。

评分标准：图纸完整性 30 分(包括图纸类型、元器件标识、线缆标识等)；合理性 20 分(主要是所选用元件的性能参数是否符合控制要求，配电接线是否合理，元器件布置是否合理等)；美观性 10 分(包括布局是否美观，字体是否标准等)；技术总结报告书 25 分(包括总体设计思想、关键元件核算、组内任务分工等)；答辩汇报 15 分(包括讲解是否流畅，表述是否清晰，答复是否详尽等)。

A.2　竞赛题目

1. 题目概述

LED 灯管具有高效节能的优势，已广泛替代普通的日光灯，成为了日常生活中消耗巨大的日用品。如图 A.1 所示，LED 灯座是 LED 灯管的重要组成部分，它包括铜针、塑壳、

图 A.1　LED 灯座

端子铜片、热缩管、导线等零件。目前 LED 灯座主要依赖手工进行装配，生产效率低、产品质量一致性差是长期困扰企业的难题。

针对上述问题，需要研发一套 LED 灯座智能装配系统，实现灯座的自动装配。

该系统的工作流程如图 A.2 所示。具体如下：

① 铜针自动插入模具，模具随大转盘旋转至下一工位；② 塑壳自动放入模具，模具随大转盘旋转至下一工位；③ 自动压紧塑壳，并使铜针穿过塑壳底部的孔位，模具随大转盘旋转至下一工位；④ 带铜端子片的线缆自动放置进塑壳，并使铜针穿过铜端子片上的孔位，模具随大转盘旋转至下一工位；⑤ 自动冲压铜针，使线缆、塑壳和铜针铆接于一体，模具随大转盘旋转至下一工位；⑥ 自动使模具内装配完成的灯座弹出，流程结束。

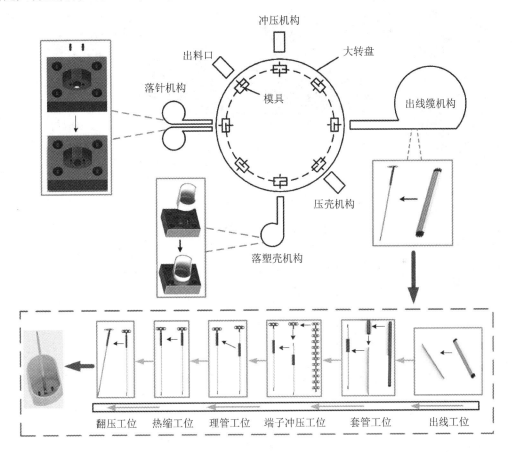

图 A.2　LED 灯座智能装配系统的工作流程

基于工艺流程，所设计的 LED 灯座智能装配系统具体方案图如图 A.3 所示。

该智能装配的电气控制部分主要由西门子 S7-200 Smart 系列 PLC 及扩展模块、台达 ADSA-B2-0421B 伺服驱动器、雷塞 DM542 步进驱动器、SMC D-A93 磁性开关、西门子 Smart 700 IEV3 触摸屏等组成，用于实现逻辑自动化装配，保证设备的工作效率。

LED 灯座智能装配系统所需关键元器件清单如表 A.1 所示。

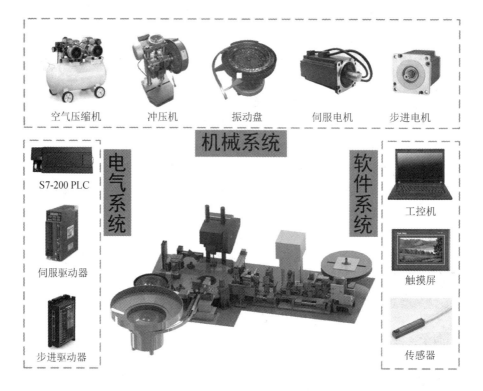

图 A.3　LED 灯座智能装配系统具体方案图

表 A.1　关键元器件清单

系统	名称	厂家	型号	主要参数
机械部分	手指气缸	亚德客	MHZ2-10D	使用压力范围：0.1～0.5 MPa
	无杆气缸	定制	定制	行程：100 mm、200 mm
	大转盘	定制	定制	直径：600 mm
	振动盘	百耀自动化	定制	出料速度：2 个/s
	空气压缩机	奥突斯工贸	OTS-800X3	功率：2.4 kW；额定排气压力：0.7 MPa
	超静音端子机	永鑫科电子	YX-1.5T	压着能力：15 kN
	冲压机	双伟	JB04-1.5T	公称压力：15 kN
	伺服电机	台达	ECMA-C20602ES	输出功率：0.4 kW；转速范围：0～3000 r/min
	步进电机	雷赛	J-5718HB5401	步距精度：0.05 mm；扭矩：3.1 N·m

续表

系统	名称	厂家	型号	主要参数
电气控制部分	伺服驱动器	台达	ADSA-B2-0421B	功率：0.4 kW
	步进驱动器	雷赛	DM542	步进脉冲频率：0～300 kHz
	继电器	欧姆龙	MY2N-J	动作时间：<20 ms；复位时间：<20ms
	磁性开关	SMC	D-A93	动作时间：<1 ms
	PLC	西门子	S7-200 CPU226 DC/DC/DC	高频率脉冲输出：2 路；数字量 I/O：24DI/16DO
	工业触摸屏	西门子	Smart 700 IEV3	串口通信：1×RS-422/485，最大通信速率为 187.5 kb/s；以太网接口：1×RJ-45，最大通信速率为 100 Mb/s
	上位 PC	华研	IPC-610	CPU：Inter Core E7400 双核 2.8 G

　　表 A.1 中所示气缸采用电磁阀控制。电磁阀通电时，气缸处于夹紧或者平移状态；电磁阀失电时，气缸处于松开或回位状态。气缸状态由磁性开关反馈。

2. 设计要求

　　(1) 请根据上述描述及动画 1～6(见二维码)选择合理的低压元器件、控制器和传感器型号，以实现动画所示工作流程。

动画1：工位 1-落针　　　　动画2：工位 2-落壳　　　　动画3：工位 3-压壳

动画4：工位 4-放线　　　　动画5：工位 5-冲压　　　　动画6：工位 6-出料

　　(2) 请绘制出配电总图、配电原理图、PLC 输入和输出接线图以及元器件布置图，并附上所有的电气元器件清单。

　　(3) 请绘制 PLC 软件控制流程图，使其符合动画所示工作流程(流程图绘制请参考图 A.4)。

　　加分项：实现该装置工作流程的梯形图。

3. 上交的图纸模板

　　上交的图纸模板如图 A.5 所示。

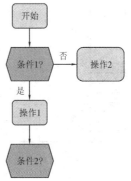

图 A.4　流程图参考形式

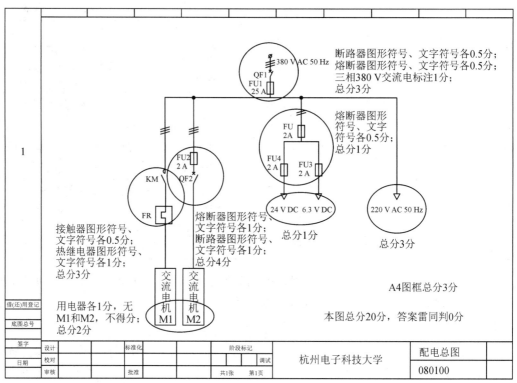

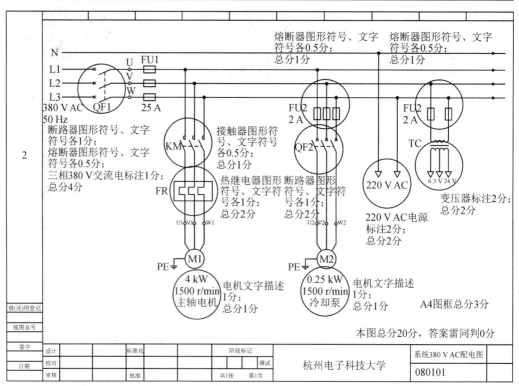

(a)

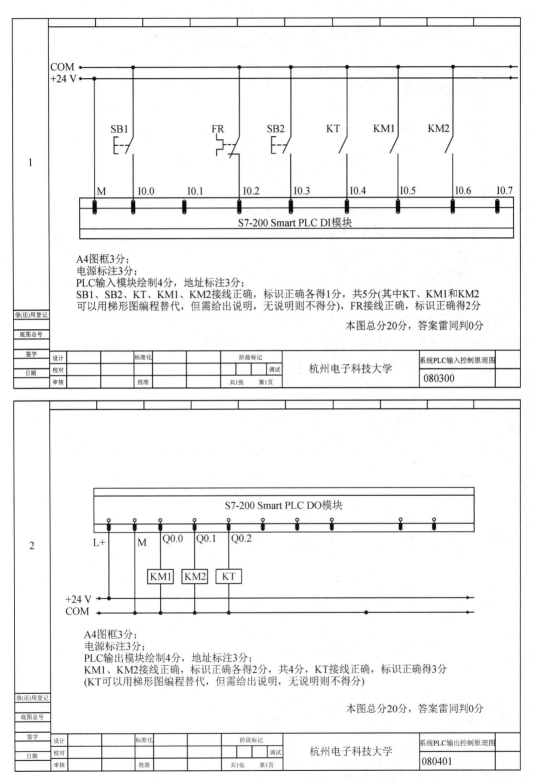

(b)

图 A.5　上交的图纸模板

附录 B　实践任务指导书模板

B.1　断续控制实践任务

一、任务指导书模板

实验 X　直流电机启停电路实验

1. 实验目的

(1) 熟悉启停电路常用的电气元件符号及特性。

(2) 熟悉直流电机的类型及接线方法。

(3) 掌握启停电路的工作原理及电气电路图画法。

(4) 能创新设计直流电机启停控制电路，并能运用启停控制电路解决实际问题。

2. 实验原理

实验电气原理图如图 B.1 所示。当点按 SB1 时，直流电机 M 运转，松开 SB1 后，电机停转；当点按 SB2 时，直流电机 M 运转，松开 SB2 后，电机仍保持运转。

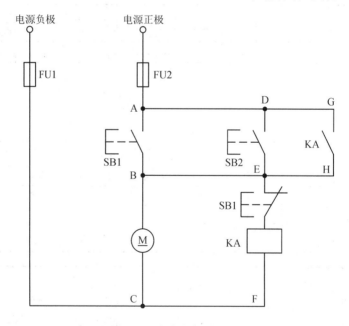

图 B.1　实验电气原理图

上述电路原理中所使用的电气元件及功能说明如下：

1) 直流电机

常见的直流电机如图 B.2 所示，它是电气控制系统中常用的机电转换元件，主要用于将电能转换为机械能。直流电机的前端为转轴，可驱动带轮、齿轮或滚珠丝杠等回转装置，后端有接线柱，分别接直流电源的正负极。通电时，转轴以恒定的转速转动。

图 B.2　直流电机

2）开关电源

开关电源如图 B.3 所示，它是直流电机启停控制中的主要供能元件，用于将 220 V 的交流电转换为直流电机所需的直流电。开关电源上一般有直流正、负极接线端，输入交流电火线、零线接线端，以及电源指示灯和电压微调旋钮等。

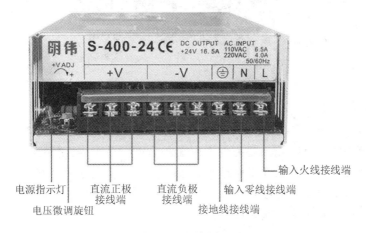

图 B.3　开关电源

3）继电器

继电器如图 B.4 所示，它是启停控制电路中重要的自动控制元件，当内部线圈通电时，

图 B.4　继电器

产生电磁吸力,吸引触点自动改变接触状态,实现电路状态的接通或断开。使用时,线圈电源的通断由主令电器控制,内部触点则接入直流电机的供电回路中。

4)控制按钮

控制按钮如图 B.5 所示,它是最为常用的主令电器。相比继电器,其内部结构更为简单,需要人力按压按钮帽,才能改变内部触点的接触状态,实现电路状态的接通或断开。使用时,一般将按钮的触点串入继电器线圈的电源回路中,即可通过按压控制按钮,使继电器工作。

图 B.5　控制按钮

3. 硬件电气连接

本实验需要将上述元件通过导线组合成完整的控制电路。

(1)将控制按钮的触点接入开关电源的直流正极(+V),再将继电器线圈电源的接线端与控制按钮相连,最后接入开关电源的直流负极(-V),完成继电器控制电路的接线。

(2)将继电器常开触点的接线端与+V 相连,另一端与直流电机的接线端相连,最后接入-V,完成直流电机供电回路的接线。

(3)将交流电的火线和零线分别接入开关电源的 L 和 N 接线端,完成整个控制电路供电的接线。

4. 实验步骤

(1)根据各硬件的接线方式和电气符号,在 AutoCAD 中绘制直流电机点动控制电气电路图。

(2)根据电路图完成硬件接线,接线过程如前所述。

(3)接线完成后,将万用表拨到通断挡,断电后测试直流电源正、负极以及交流电源的 L 和 N 之间是否存在短路情况。注意:万用表出现鸣叫时,一定不能上电,需请指导老师查验后再操作。

(4)接通电源后,查看开关电源指示灯是否正常。若不正常,则停止实验。

(5)点按 SB1,查看直流电机是否正常运转。

(6)点按 SB2,查看直流电机的运转状态。

(7)再一次点按 SB1,查看直流电机的运转状态。

(8)实验结束,关闭电源,拔掉并整理好电气连接线。

5. 思考题

(1) 如果点按 SB1 后直流电机不运转，则故障可能出在哪里？

(2) 如果点按 SB2 后直流电机运转，但松开 SB2 后电机停转，则故障可能出在哪里？

(3) 如果要实现直流电机反向转动，则实验电气原理图该如何修改？

二、实践报告模板

实验 X　直流电机启停电路实验

班级		学号		姓名		得分	
组员							

1. 实验目的

(1) 熟悉启停电路常用的电气元件符号及特性。

(2) 熟悉直流电机的类型及接线方法。

(3) 掌握启停电路的工作原理及电气电路图画法。

(4) 能创新设计直流电机启停控制电路，并能运用启停控制电路解决实际问题。

2. 实验原理

实验电气原理图如图 B.6 所示。当点按 SB1 时，直流电机 M 运转，松开 SB1 后，电机停转；当点按 SB2 时，直流电机 M 运转，松开 SB2 后，电机仍保持运转。

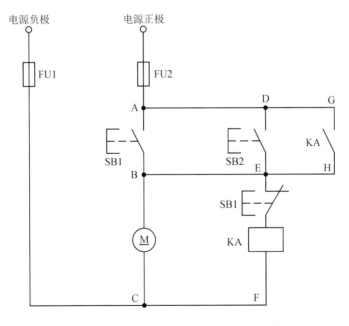

图 B.6　实验电气原理图

3. 实验分析

根据实验电气原理图和任务指导书，完成接线和操作实验，并给出原理分析。

4. 思考题

（1）如果点按 SB1 后直流电机不运转，则故障可能出在哪里？

（2）如果点按 SB2 后直流电机运转，但松开 SB2 后电机停转，则故障可能出在哪里？

（3）如果要实现直流电机反向转动，则实验电气原理图该如何修改？

B.2　逻辑控制实践任务

一、任务指导书模板

实验 X　接近开关计数实验

1. 实验目的

（1）掌握接近开关的工作方式和接线方法。

（2）掌握接近开关与 PLC 数字量输入模块的接线方法。

（3）掌握 PLC 编程方法和计数器指令用法。

（4）能创新设计接近开关 PLC 计数程序，并能运用 PLC 计数程序解决实际问题。

2. 实验原理

实验电气方案如图 B.7 所示。当输送带所传递的包裹经过接近开关时，接近开关产生一个脉冲信号，通过 PLC 记录脉冲个数（即包裹个数），若记录的个数满足要求，则输出信号,使指示灯点亮。

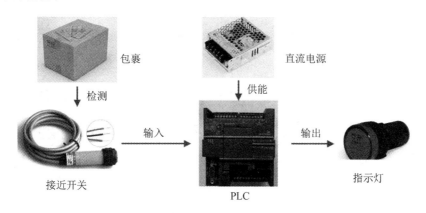

包裹

直流电源

↓检测

↓供能

接近开关

输入→

PLC

输出→

指示灯

图 B.7 实验电气方案

上述电气方案中所使用的电气元件及功能说明如下:

1) 接近开关

常见的接近开关如图 B.8 所示,它是一种非接触式的开关量传感器,当物体靠近检测头一定距离时,内部电路会发出信号。接近开关通常有 NPN 和 PNP 两种类型。NPN 型接近开关的输出信号为低电平(0 V);PNP 型接近开关的输出信号为高电平(24 V)。

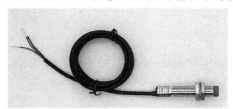

图 B.8 接近开关

2) PLC 数字量输入模块

PLC 数字量输入模块如图 B.9 所示。该模块中可接入开关量的按钮开关、传感器等,当外部开关接通时,电流经过相应通道,点亮 PLC 内部的发光二极管,从而导通 PLC 内部

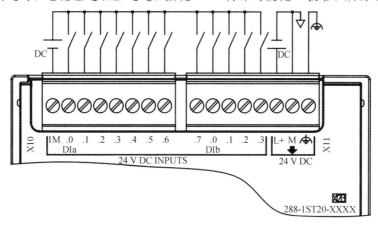

图 B.9 PLC 数字量输入模块接线示意图

电路，而该通道所对应的输入地址的逻辑状态从"0"变为"1"。

　　3）PLC 数字量输出模块

　　PLC 数字量输出模块如图 B.10 所示。该模块中可接入指示灯、继电器、电磁阀等，当输出地址的逻辑状态从"0"变为"1"时，所对应的通道会产生导通信号，使外部电路连通。

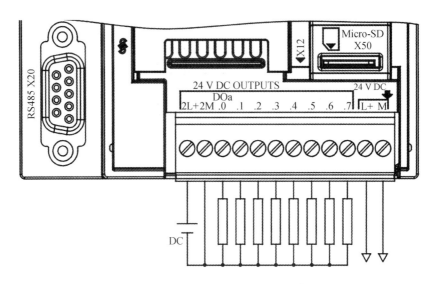

图 B.10　PLC 数量输出模块接线示意图

　　4）指示灯

　　指示灯如图 B.11 所示，它是通过灯的亮灭来指示电路状态的电器元件，通常有红、黄、蓝、绿、白等多种颜色，当电路导通时，会发出相应的亮光。

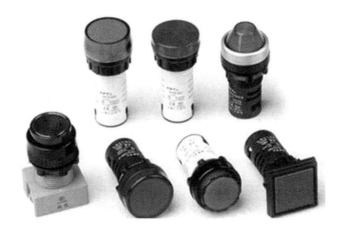

图 B.11　指示灯

　　本实验所用的指令说明如表 B.1 所示。

表 B.1　指令说明

指令名称	指令符号	操作数类型	操作数
增计数器	CXX CU　CTU R PV	CU　BOOL PV　INT R　　BOOL	CU：I、Q、V、M、SM、S、T、C、L 和功率流； PV：预设值，整型数； R：计数器复位
减计数器	CXX CD　CTD LD PV	CD　BOOL PV　INT LD　BOOL	CD：I、Q、V、M、SM、S、T、C、L 和功率流； PV：预设值，整型数； LD：计数器预设值装载
增减计数器	CXX CU CTUD CD R PV	CU　BOOL CD　BOOL PV　INT R　　BOOL	CU：I、Q、V、M、SM、S、T、C、L 和功率流； CD：I、Q、V、M、SM、S、T、C、L 和功率流； PV：预设值，整型数； R：计数器复位

增计数器编程实例如图 B.12 所示。当 I0.0 从 OFF 变到 ON 时，计数器 C10 的当前值加 1，当计数值为 5 时，C10 的逻辑状态从"0"变为"1"，此时线圈 Q0.0 接通；当 I0.1 从 OFF 变到 ON 时，计数器 C10 的当前值清零，C10 的逻辑状态重新变为"0"，此时线圈 Q0.0 断开。

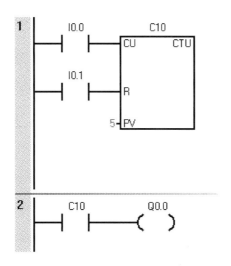

图 B.12　增计数器编程实例

3. 硬件电气连接

本实验需要将上述元件通过导线组合成完整的控制电路。其中接近开关的信号线接入 PLC 数字量输入模块的 I0.1，指示灯与 PLC 数字量输出模块的 Q0.1 相连，数字量输入模块的公共端接电源负极，其余电源接口按照极性分别与正、负极相连。

4. 软件编程

本实验参考增计数器编程实例，将触点 I0.1 与增计数器 C1 的 CU 接口相连，辅助触点 M0.0 与增计数器 C1 的 R 接口相连，预设 PV 为 10，当计数器 C1 的位状态发生改变时，输出至线圈 Q0.1，实现指示灯点亮功能。

5. 实验步骤

(1) 根据各硬件的接线方式，完成硬件接线。

(2) 根据电路图完成硬件接线，接线过程如前所述。

(3) 接线完成后，将万用表拨到通断挡，断电后测试直流电源正、负极以及交流电源的 L 和 N 之间是否存在短路情况。注意：万用表出现鸣叫时，一定不能上电，需请指导老师查验后再操作。

(4) 打开计算机中的西门子 S7-200 Smart 系列 PLC 编程软件"STEP7 Micro/WIN SMART"，参考增计数器编程实例，逐条输入实验程序，使用梯形图编程，通过编译程序检查所编写的程序有无错误。

(5) 通过以太网网线连接 PLC 通信口和计算机的网口，并设置好相应的 IP 地址。

(6) 连接好外部电气接线，检查无误后打开总电源开关，将个人电脑与 PLC 通过软件连接，并将编译正确的程序下载至 PLC；点击软件界面上的"RUN"，观测 PLC 主机上的运行指示灯是否点亮。

(7) 将物体靠近接近开关，观测 PLC 主机上的 I0.1 指示灯是否点亮。

(8) 将物体反复靠近接近开关 10 次后，观测 PLC 主机上的 Q0.1 指示灯是否点亮。

(9) 实验结束，关闭电源，拔掉并整理好电气连接线。

6. 思考题

(1) 如果物体每次靠近接近开关时计数器数值并未增加，则故障可能出在哪里？

(2) 如果物体靠近接近开关 10 次后指示灯未点亮，则故障可能出在哪里？

(3) 如果要实现自动清零，即指示灯点亮后计数器清零，则程序该如何修改？

二、实践报告模板

实验 X　接近开关计数实验

班级		学号		姓名		得分	
组员							

1. 实验目的

(1) 掌握接近开关的工作方式和接线方法。

(2) 掌握接近开关与 PLC 数字量输入模块的接线方法。

(3) 掌握 PLC 编程方法和计数器指令用法。

(4) 能创新设计接近开关 PLC 计数程序，并能运用 PLC 计数程序解决实际问题。

2. 实验原理

实验电气方案如图 B.13 所示。当输送带所传递的包裹经过接近开关时，接近开关产生一个脉冲信号，通过 PLC 记录脉冲个数(即包裹个数)，若记录的个数满足要求，则输出信号，使指示灯点亮。

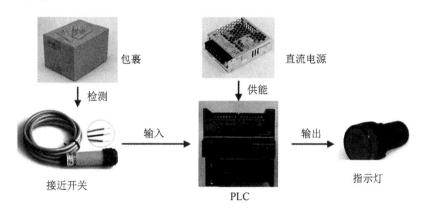

图 B.13　实验电气方案

3. 实验分析

根据实验电气方案和任务指导书，完成接线和编程实验，并给出原理分析。

4. 思考题

(1) 如果物体每次靠近接近开关时计数器数值并未增加，则故障可能出在哪里？

(2) 如果物体靠近接近开关 10 次后指示灯未点亮，则故障可能出在哪里？

(3) 如果要实现自动清零，即指示灯点亮后计数器清零，则程序该如何修改？

B. 3　运动控制实践任务

一、任务指导书模板

实验 X　步进电机点动实验

1. 实验目的

（1）掌握步进电机和驱动器的接线方法。

（2）掌握 PLC 数字量输出模块和步进电机驱动器的接线方法。

（3）掌握 PLS 指令和高速脉冲输出的编程方法。

（4）能创新设计步进电机点动控制程序。

2. 实验原理

实验原理图如图 B.14 所示。步进电机主要通过电脉冲信号，以固定的角度一步一步地转动。因此，当点按运行按钮时，需要控制器持续发出固定频率的电脉冲信号来驱动步进电机旋转；当松开运行按钮时，停止发送电脉冲信号，步进电机停转。

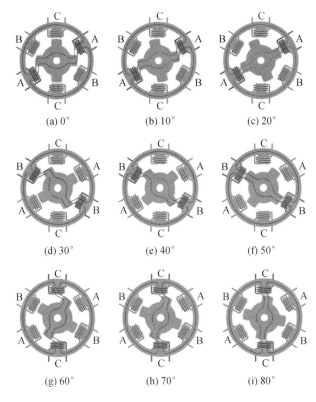

图 B.14　实验原理图

上述实验原理中所使用的电气元件及功能说明如下：

1）步进电机及控制器

步进电机是一种机电转换元件，主要依据电脉冲信号转动固定的角度，精度较普通直流电机更高。选择步进电机时需配搭驱动器，以便将控制器的脉冲信号转换为驱动电流。

步进电机与驱动器的接线主要是相线——对应，控制器与驱动器的接线主要是脉冲控制口和方向控制口——对应，如图 B.15 所示。

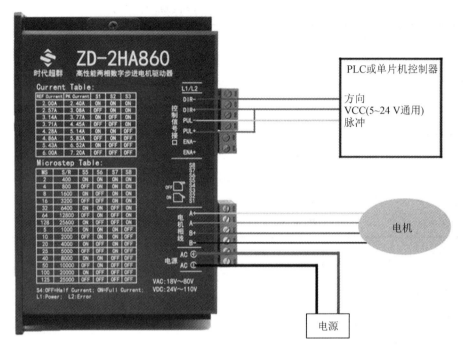

图 B.15　步进电机驱动器与电机、控制器的接线

2）PLC 高速脉冲输出口

PLC 高速脉冲输出口位于数字量输出模块，但地址相对比较固定，下面以 S7-200 Smart 系列 PLC 为例进行说明。PLC 高速脉冲输出口如表 B.2 所示。

表 B.2　PLC 高速脉冲输出口

型号	高速脉冲输出口数量×频率	硬件接口
ST20	2×100 kHz	Q0.0/Q0.1
ST30	3×100 kHz	Q0.0/Q0.1/Q0.3
ST40	3×100 kHz	Q0.0/Q0.1/Q0.3
ST60	3×100 kHz	Q0.0/Q0.1/Q0.3

编程指令说明如下：

脉冲输出（PLS）指令用于控制高速脉冲输出口（Q0.0、Q0.1 和 Q0.3）的脉冲串输出（PTO）功能。其在编程界面中的呈现形式如图 B.16 所示。

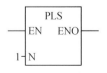

图 B.16　PLS 指令在编程界面中的呈现形式

当 EN 接口接收到一个上升沿脉冲后，即允许相应的通道提供脉冲串输出功能，其中 N 为通道号。通道号与具体输出口的对应关系如表 B.3 所示。

表 B.3　通道号与输出口的对应关系

N	对应高速脉冲输出口
0	Q0.0
1	Q0.1
2	Q0.3

要实现脉冲串输出功能，实际上需先组态 PTO 控制字节（SMB67、SMB77 和 SMB567）。其中寄存器 SMB67 控制 Q0.0，SMB77 和 SMB567 则分别控制 Q0.1 和 Q0.3。PTO 输出控制寄存器见表 B.4。

表 B.4　PTO 输出控制寄存器

控制寄存器（十六进制值）	启用	选择模式	PTO 段操作	时基	脉冲计数	频率
16#C0	是	PTO	单段	频率 Hz	—	—
16#C1	是	PTO	单段	频率 Hz	—	更新频率
16#C4	是	PTO	单段	频率 Hz	更新	—
16#C5	是	PTO	单段	频率 Hz	更新	更新频率
16#E0	是	PTO	多段	频率 Hz	—	—

除组态 PTO 控制字节外，还应该在执行高速脉冲指令前装载或更新脉冲频率和脉冲数，具体如表 B.5 所示。

表 B.5　其他控制寄存器

Q0.0	Q0.1	Q0.3	寄存器功能
SMW68	SMW78	SMW568	PTO 频率：1~65 535 Hz
SMD72	SMD82	SMD572	PTO 脉冲计数值：1~2 147 483 647
SMW168	SMW178	SMW578	包络表的起始单元（相对 V0 的字节偏移），仅限多段 PTO 操作

以高速脉冲输出口 Q0.0 为例，其初始化控制字及调用 PLS 指令的实例如图 B.17 所示。

3. 硬件电气连接

本实验需要将上述元件通过导线组合成完整的控制电路。其中点动按钮 SB1 与 PLC 数字量输入模块的 I0.0 相连，换向按钮 SB2 与 I0.1 相连，步进电机驱动器的脉冲控制口与 PLC 数字量输出模块的 Q0.0 相连，方向控制口与 Q0.2 相连，其余接口按照图 B.15 一一相连。

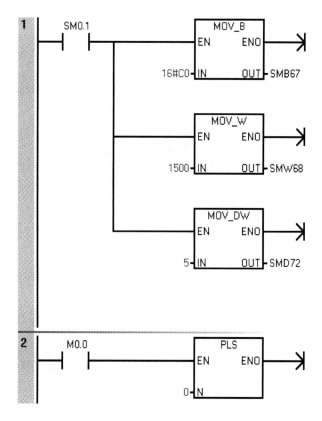

图 B.17　初始化控制字及调用 PLS 指令的实例

4．软件编程

本实验参考 PLS 编程实例，实现当点按 I0.0 时，步进电机正向旋转，当点按 I0.1 时，步进电机逆向旋转。

5．实验步骤

（1）根据各硬件的接线方式，完成硬件接线。

（2）根据电路图完成硬件接线，接线过程如前所述。

（3）接线完成后，将万用表拨到通断挡，断电后测试直流电源正、负极以及交流电源的 L 和 N 之间是否存在短路情况。注意：万用表出现鸣叫时，一定不能上电，需请指导老师查验后再操作。

（4）打开计算机中的西门子 S7-200 Smart 系列 PLC 编程软件"STEP7 Micro/WIN SMART"，参考 PLS 编程实例，逐条输入实验程序，使用梯形图编程，通过编译程序检查所编写的程序有无错误。

（5）通过以太网网线连接 PLC 通信口和计算机的网口，并设置好相应的 IP 地址。

（6）连接好外部电气接线，检查无误后打开总电源开关，连接 PLC，并将编译正确的程序下载至 PLC；点击软件界面上的"RUN"，观测 PLC 主机上的运行指示灯是否点亮。

（7）点按 I0.0，观测步进电机是否正向旋转。若转速过低，则更改脉冲频率后重新控制。

（8）点按 I0.1，观测步进电机是否逆向旋转。

(9) 实验结束，关闭电源，拔掉并整理好电气连接线。

6. 思考题

(1) 如果点按 I0.1 后步进电机未逆向转动，则故障可能出在哪里？

(2) 如果松开 I0.0 后步进电机仍未停止，则原因可能是什么？

(3) 如果需要在点动时增大转速，则程序该如何修改？

二、实践报告模板

实验 X　步进电机点动实验

班级		学号		姓名		得分	
组员							

1. 实验目的

(1) 掌握步进电机和驱动器的接线方法。

(2) 掌握 PLC 数字量输出模块和步进电机驱动器的接线方法。

(3) 掌握 PLS 指令和高速脉冲输出的编程方法。

(4) 能创新设计步进电机点动控制程序。

2. 实验原理

本实验参考 PLS 编程实例，实现当点按 I0.0 时，步进电机正向旋转，当点按 I0.1 时，步进电机逆向旋转。

3. 实验分析

根据实验原理图和任务指导书，完成接线和编程实验，并给出原理分析。

4. 思考题

(1) 如果点按 I0.1 后步进电机未逆向转动，则故障可能出在哪里？

(2) 如果松开 I0.0 后步进电机仍未停止，则原因可能是什么？

(3) 如果需要在点动时增大转速，则程序该如何修改？

附录 C　结课综合实践报告模板

结课项目任务书

课 题 小 组：＿＿＿＿＿＿＿＿＿＿

课题组成员：＿＿＿＿＿＿＿＿＿＿

　　　　　　＿＿＿＿＿＿＿＿＿＿

填 写 日 期：＿＿＿＿＿＿＿＿＿＿

"电气设计创新实践"课程

××××年制

课程名称	电气设计创新实践	总分	
姓名		学号	
姓名		学号	
姓名		学号	

现有如图C.1所示的机构，可解决电气接插件可靠性测试的问题，请分析其实现原理，并另附页回答以下各题：

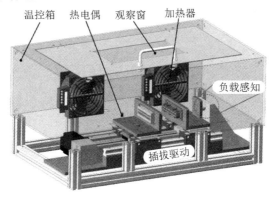

图 C.1　工业机器人电气接插件可靠性测试系统图

（1）图中所示的插拔驱动机构是由步进电机驱动直线滑台实现的，请问需要哪些电器元件组成电气控制系统？（20分）

（2）若要实现插拔往复运动，请问从PLC运动控制编程的角度该考虑哪些因素？（20分）；

（3）若要实现点动控制，请设计相应的梯形图程序。（20分）

（4）若要实现1次插拔，请设计相应的梯形图程序。（20分）

（5）若要实现10次插拔，请设计相应的梯形图程序。（20分）

评分标准：

（1）15～20分：能结合专业知识，从电气设计的角度给出符合工况要求的具体元件及接线方法。

9～14分：能结合专业知识，仅给出符合工况要求的具体元件。

<9分：无法给出符合工况要求的具体元件及考虑因素。

（2）15～20分：能结合专业知识，给出合理的软件方案，通过图示给出完整的控制流程。

9～14分：能结合专业知识，选择较合理的软件方案，通过图示给出较完整的控制流程。

<9分：无法清晰描述符合工况要求的软件方案。

（3）～（5）15～20分：能结合专业知识，选择合理的控制指令，并能编写完整的控制程序。

9～14分：能结合专业知识，选择较合理的控制指令，并能部分实现控制要求。

<9分：无法实现控制要求。

参 考 文 献

[1] 倪敬，许明，孟爱华. 机电传动系统与控制[M]. 杭州：浙江大学出版社，2015.

[2] 黄永红，刁小燕，项倩雯. 电气控制与 PLC 应用技术：西门子 S7-200 SMART PLC[M]. 3 版. 北京：机械工业出版社，2019.

[3] 徐宁，赵丽君. 西门子 S7-200 SMART PLC 编程及应用（视频微课版）[M]. 北京：清华大学出版社，2021.

[4] 叶志明，马艳，刘华波. 西门子 S7-200 SMART PLC 编程与应用案例精选[M]. 北京：机械工业出版社，2021.

[5] 廖常初. S7-200 SMART PLC 编程及应用[M]. 3 版. 北京：机械工业出版社，2019.

[6] 西门子（中国）有限公司. S7-200 SMART 可编程逻辑控制器产品样本[EB/OL]. (2021 - 08 - 10)[2021 - 09 - 07]. https://www. ad. siemens. com. cn/download/HT-ML/Download. aspx？DocId＝6726＆loginID＝＆srno＝＆sendtime＝＆ftype＝cn.

[7] 西门子（中国）有限公司. S7-200 SMART 系统手册 v2. 2 [EB/OL]. (2016 - 12 - 02)[2021 - 09 - 07]. https://www. ad. siemens. com. cn/download/HTML/Download. aspx？DocId＝678 0＆loginID＝＆srno＝＆sendtime＝＆ftype＝cn.

[8] 欧姆龙自动化（中国）有限公司. 2 回路限位开关产品样本[EB/OL]. (2017 - 04 - 19)[2021 - 10 - 07]. https://www. fa. omron. com. cn/data_pdf/cat/wl-n_c210-cn5_1_5. pdf？id＝3263.

[9] 欧姆龙自动化（中国）有限公司. 接近开关 E2B 系列产品样本[EB/OL]. (2021 - 11 - 15)[2021 - 12 - 07]. https://www. fa. omron. com. cn/data_pdf/cat/d117-cn5-01c. pdf？id＝3203.

[10] 西门子（中国）有限公司. 官方技术文档：S7-200 SMART 模拟量[EB/OL]. (2018 - 03 - 20) [2021 - 10 - 07]. https://www. ad. siemens. com. cn/productportal/prods/s7-200-smart-portal/200s marttop/smartsms/028. html.

[11] 西门子（中国）有限公司. 官方技术文档：高速计数器常见问题[EB/OL]. (2018 - 04 - 05) [2021 - 10 - 21]. https://www. ad. siemens. com. cn/productportal/prods/s7-200-smart-portal/200smarttop/smartsms/013. html.

[12] 欧姆龙自动化（中国）有限公司. 增量型旋转编码器 E6B2-C 产品样本[EB/OL]. (2017 - 09 - 15) [2021 - 10 - 25]. https://www. fa. omron. com. cn/data_pdf/cat/e6b2-c_ds_c_6_1. pdf？id＝487.

[13] 深圳市雷赛智能控制股份有限公司. DM 通用型步进驱动系统选型手册[EB/OL]. (2019 - 09 - 24)[2021 - 10 - 07]. https://www. leisai. com/uploadfiles/2019/09/20190924092042225. pdf.

［14］　西门子(中国)有限公司.官方技术文档：S7-200 SMART 运动控制［EB/OL］.(2018 -
　　　　03 - 20)［2021 - 09 - 07］.https://www.ad.siemens.com.cn/productportal/prods/
　　　　s7-200-smart-portal/200smarttop/smartsms/034.html.

［15］　台达电子企业管理(上海)有限公司.ASDA-B2 系列标准泛用型交流伺服系统型录
　　　　［EB/OL］.(2019 - 05 - 05)［2021 - 09 - 07］.https://downloadcenter.delta-china.
　　　　com.cn/downloadCenterCounter.aspx? DID＝37036&DocPath＝1&hl＝zh-CN.

［16］　台达电子企业管理(上海)有限公司.ASDA-B2 系列标准泛用型交流伺服系统使用
　　　　手册［EB/OL］.(2020 - 10 - 12)［2021 - 09 - 07］.https://downloadcenter.delta-china.
　　　　com.cn/downloadCenterCounter.aspx? DID＝31304&DocPath＝1&hl＝zh-CN.